厦门河口湾水沙运动及顺岸港池淤积研究

赵洪波 著

人民交通出版社股份有限公司

北京

内 容 提 要

本书基于大量实测资料,分析了厦门河口湾水沙运动特征,构建了台风、洪水、潮流、波浪、盐度等多要素影响下的河口湾三维水动力泥沙数学模型,对不同水动力条件下厦门河口湾的水流、盐度、含沙量、沉速等的相互影响进行了分析,得出了该河口湾水动力特征及顺岸港池淤积影响因素。本书通过研究还提出了河口湾黏性细颗粒泥沙沉速改进公式,提出的顺岸式港池淤积计算公式已纳入《海港水文规范》(JTS 145-2—2013)。

本书可作为港口航道工程相关技术人员的参考书,也可供相关专业院校的师生学习参考。

图书在版编目(CIP)数据

厦门河口湾水沙运动及顺岸港池淤积研究 / 赵洪波著. — 北京:人民交通出版社股份有限公司, 2021.12
ISBN 978-7-114-16244-2

Ⅰ.①厦… Ⅱ.①赵… Ⅲ.①河口泥沙—泥沙淤积—研究—厦门 Ⅳ.①TV142

中国版本图书馆 CIP 数据核字(2020)第 009910 号

Xiamen Hekouwan Shuisha Yundong ji Shun'an Gangchi Yuji Yanjiu

书　　名:	厦门河口湾水沙运动及顺岸港池淤积研究
著 作 者:	赵洪波
责任编辑:	潘艳霞　张江成
责任校对:	孙国靖　魏佳宁
责任印制:	张　凯
出版发行:	人民交通出版社股份有限公司
地　　址:	(100011)北京市朝阳区安定门外外馆斜街 3 号
网　　址:	http://www.ccpcl.com.cn
销售电话:	(010)59757973
总 经 销:	人民交通出版社股份有限公司发行部
经　　销:	各地新华书店
印　　刷:	北京虎彩文化传播有限公司
开　　本:	787×1092　1/16
印　　张:	7.5
字　　数:	170 千
版　　次:	2021 年 12 月　第 1 版
印　　次:	2021 年 12 月　第 1 次印刷
书　　号:	ISBN 978-7-114-16244-2
定　　价:	60.00 元

(有印刷、装订质量问题的图书由本公司负责调换)

交通运输科技丛书编审委员会

(委员排名不分先后)

顾　　问：王志清　汪　洋　姜明宝　李天碧

主　　任：庞　松

副 主 任：洪晓枫　林　强

委　　员：石宝林　张劲泉　赵之忠　关昌余　张华庆

　　　　　郑健龙　沙爱民　唐伯明　孙玉清　费维军

　　　　　王　炜　孙立军　蒋树屏　韩　敏　张喜刚

　　　　　吴　澎　刘怀汉　汪双杰　廖朝华　金　凌

　　　　　李爱民　曹　迪　田俊峰　苏权科　严云福

总　　序

科技是国家强盛之基,创新是民族进步之魂。中华民族正处在全面建成小康社会的决胜阶段,比以往任何时候都更加需要强大的科技创新力量。党的十八大以来,以习近平同志为核心的党中央做出了实施创新驱动发展战略的重大部署。党的十八届五中全会提出必须牢固树立并切实贯彻创新、协调、绿色、开放、共享的发展理念,进一步发挥科技创新在全面创新中的引领作用。在最近召开的全国科技创新大会上,习近平总书记指出要在我国发展新的历史起点上,把科技创新摆在更加重要的位置,吹响了建设世界科技强国的号角。大会强调,实现"两个一百年"奋斗目标,实现中华民族伟大复兴的中国梦,必须坚持走中国特色自主创新道路,面向世界科技前沿、面向经济主战场、面向国家重大需求。这是党中央综合分析国内外大势、立足我国发展全局提出的重大战略目标和战略部署,为加快推进我国科技创新指明了战略方向。

科技创新为我国交通运输事业发展提供了不竭的动力。交通运输部党组坚决贯彻落实中央战略部署,将科技创新摆在交通运输现代化建设全局的突出位置,坚持面向需求、面向世界、面向未来,把智慧交通建设作为主战场,深入实施创新驱动发展战略,以科技创新引领交通运输的全面创新。通过全行业广大科研工作者长期不懈的努力,交通运输科技创新取得了重大进展与突出成效,在黄金水道能力提升、跨海集群工程建设、沥青路面新材料、智能化水面溢油处置、饱和潜水成套技术等方面取得了一系列具有国际领先水平的重大成果,培养了一批高素质的科技创新人才,支撑了行业持续快速发展。同时,通过科技示范工程、科技成果推广计划、专项行动计划、科技成果推广目录等,推广应用了千余项科研成果,有力促进了科研向现实生产力转化。组织出版"交通运输建设科技丛书",是推进科技成果公开、加强科技成果推广应用的一项重要举措。"十二五"期间,该丛书共出版72册,全部列入"十二五"国家重点图书出版规划项目,其中12册获得国家出版基金支持,6册获中华优秀出版物奖图书提名奖,行业影响力和社会知名度不断扩大,逐渐成为交通运输高端学术交流和科技成果公开的重要平台。

"十三五"时期,交通运输改革发展任务更加艰巨繁重,政策制定、基础设施建设、运输管理等领域更加迫切需要科技创新提供有力支撑。为适应形势变化的需要,在以往工作的基础上,我们将组织出版"交通运输科技丛书",其覆盖内容由建设技术扩展到交通运输科学技术各领域,汇集交通运输行业高水平的学术专著,及时集中展示交通运输重大科技成果,将对提升交通运输决策管理水平、促进高层次学术交流、技术传播和专业人才培养发挥积极作用。

  当前,全党全国各族人民正在为全面建成小康社会、实现中华民族伟大复兴的中国梦而团结奋斗。交通运输肩负着经济社会发展先行官的政治使命和重大任务,并力争在第二个百年目标实现之前建成世界交通强国,我们迫切需要以科技创新推动转型升级。创新的事业呼唤创新的人才。希望广大科技工作者牢牢抓住科技创新的重要历史机遇,紧密结合交通运输发展的中心任务,锐意进取、锐意创新,以科技创新的丰硕成果为建设综合交通、智慧交通、绿色交通、平安交通贡献新的更大的力量!

2016 年 6 月 24 日

前　言

　　河口湾位于河口与海洋之间的过渡区,往往是进出内河流域的咽喉通道,其沿岸也是港口发展的重要区域。由于所处位置的特殊性,其水动力环境及泥沙运动规律也具有较强的复杂性。河口湾一方面受径流、洪水作用,另一方面受潮汐、潮流、波浪、风暴潮及台风等海洋动力影响,这些要素是塑造河口湾水深地形的动力控制因素。河口湾泥沙主要来源于河流输沙和海域悬浮泥沙,不仅是泥沙的主要过境通道,也是泥沙的主要承纳区。在各种水动力因素综合作用下,泥沙在河口湾水域的沉降、起动、再悬浮等过程显得更为复杂多变,这提高了解决河口湾水域港口航道工程问题的难度。鉴于河口湾的重要性和复杂性,长期以来被广大学者广泛研究,在河口区环流、盐淡水混合、最大浑浊带、泥沙起动与沉降等方面取得了多方面成果和进展。由于河口湾水沙运动的复杂性以及不同河口湾的差异性,各大河口及河口湾的水沙问题仍有许多问题在持续研究。

　　本书在总结以往研究成果基础上,以厦门河口湾及顺岸港池为研究对象,利用厦门河口湾大量水沙实测资料,从地形地貌、海洋水动力、径流输沙及盐淡水掺混、泥沙环境、河口湾冲淤及顺岸港池的淤积等方面,分析了厦门河口湾水沙运动特征及对顺岸港池淤积的影响。针对河口湾顺岸港池淤积计算方法开展研究,利用水流数学模型研究顺岸港池尺度对港内流速的影响,探讨了港池流速与水深关系,提出了顺岸式港池半理论半经验淤积计算公式,通过实测资料验证计算后应用于厦门河口湾顺岸港池的淤积计算中,分析了港池淤积规律及影响因素。根据厦门河口湾的水动力及泥沙特点,构建了以理论台风模型、SWAN 风浪模型、EFDC 三维水动力泥沙模型为体系的厦门河口湾水动力泥沙数学模型,通过研究河口湾含沙量、盐度等对黏性细颗粒泥沙沉速的影响,提出了多种要素影响下的改进公式。通过实测资料验证,改进后的模型具有良好的适应性和准确性。通过模拟计算,对不同水动力条件下厦门河口湾的水流、盐度、含沙量、沉速等的相互影响特征进行了分析。研究得出了正常水文条件、洪水条件和强台风动力条件下河口湾顺岸港池的淤积特征及影响因素。本书提出的顺岸式港池半理论半经验淤积计算公式已纳入《海港水文规范》(JTS 145-2—2013)中,构建的水动力泥沙数学模型已在多个河口及海岸工程成功应用。

本书研究过程得到了天津大学张庆河教授、张金凤教授等的指导和帮助,交通运输部天津水运工程科学研究院杨华研究员及海岸河口工程研究中心的同事们给予了大力支持,在此表示衷心感谢。

由于作者水平有限,书中不当之处在所难免,敬请读者不吝赐教。

著 者
2021 年 9 月

目　　录

第1章　绪论 ··· 001
　1.1　研究目的与意义 ··· 001
　1.2　国内外研究现状 ··· 002
　1.3　本书主要内容 ·· 007
第2章　厦门河口湾水沙运动及顺岸港池淤积特征 ··· 008
　2.1　厦门河口湾水沙运动特征 ··· 008
　2.2　河口湾冲淤变化及顺岸港池泥沙特征 ··· 015
　2.3　本章小结 ·· 018
第3章　河口湾顺岸港池水流特点及淤积计算方法 ··· 020
　3.1　顺岸港池水流数学模型试验 ·· 020
　3.2　顺岸港池泥沙淤积计算公式的建立与验证 ··· 022
　3.3　厦门河口湾海沧顺岸港池航道淤积计算 ·· 025
　3.4　本章小结 ·· 027
第4章　河口湾水沙运动数值模拟及沉速公式改进 ··· 028
　4.1　数学模型的构成与计算流程 ·· 028
　4.2　台风数值模拟 ·· 028
　4.3　波浪数值模拟 ·· 030
　4.4　三维水动力数值模拟 ··· 032
　4.5　三维泥沙数学模型 ·· 036
　4.6　黏性细颗粒泥沙沉速的改进 ·· 040
　4.7　本章小结 ·· 045
第5章　三维数学模型验证及盐度与水沙运动的相互作用 ······································ 047
　5.1　水沙数学模型的建立与验证 ·· 047
　5.2　厦门河口湾水流与盐度的相互影响 ·· 065
　5.3　厦门河口湾盐度对悬沙运动的影响 ·· 083
　5.4　本章小结 ·· 090
第6章　河口湾顺岸港池的淤积及沉速的影响 ··· 092
　6.1　水沙运动对厦门河口湾顺岸港池的影响 ·· 092

6.2 河口湾顺岸港池淤积及沉速的影响 …………………………………………… 101
6.3 本章小结 …………………………………………………………………………… 103
参考文献 ………………………………………………………………………………… 105
索引 ……………………………………………………………………………………… 108

第1章 绪 论

1.1 研究目的与意义

河口地区是人类活动和经济发展的重要区域。由于其特殊的地理位置,河口成为水运通航重点开发的水域。由于河口区复杂的自然条件和影响因素,河口泥沙运动及港池、航道淤积问题也成为近年来被广泛研究的重要课题。沿我国漫长的海岸线分布大小不同、类型各异的河口 1800 多个,其中河流长度在 100km 以上的河口有 67 个。由于流域盆地和邻近海洋环境的差异,河口类型存在很大的不同,每个河口都有其各自的特征,这些不同类型的河口为我国的河口研究提供了基础和重要场所。从不同角度深入研究河口区的水动力泥沙等问题具有很强的科学意义和工程应用价值。

河口湾通常由河口与向海延伸的海岸组成,是受河口直接影响的海湾。Pritchard 最早给出了河口湾的定义,即河口湾是一个半封闭的海岸水体,它与外海有自由的联系,在此水体内的海水受到来自陆地径流某种程度的冲淡。

由于河口湾处于河口与海洋的过渡区域,其水动力泥沙运动具有特殊性和复杂性。河口湾一方面受到径流、洪水作用,另一方面受潮汐、潮流、波浪、风暴潮及台风等海洋动力影响,这些动力条件成为塑造河口湾水深地形的控制因素。河口湾泥沙主要来源于河流输沙和外海悬浮泥沙,河口湾不仅是泥沙的主要过境通道,也是泥沙的主要承纳区。在多种水动力因素作用下,泥沙在河口湾水域的沉降、起动、再悬浮等过程更为复杂多变。由于河口及河口湾的重要性和复杂性,多年来广大学者对其进行了广泛研究,在河口区环流、盐淡水混合、最大浑浊带(Turbidity Maximum)、泥沙起动与沉降等方面取得了多方面成果和进展。由于河口湾水沙运动的复杂性以及不同河口湾自身的差异,许多问题仍有待研究,尤其河口湾不同动力条件下泥沙运动及港池淤积机理的差异性。

厦门河口湾位于福建厦门湾海域,西接三条支流。河口湾内分布有沙洲、岛屿、浅滩、汊道等多种地貌,受径流、洪水、潮汐、台风等多种动力影响,水沙运动复杂。近年来随着厦门港河口港区浅水深用开发,临近湾顶的部分港区航道出现了多次严重淤积。以往对于厦门河口湾的泥沙沉积特征、含沙量特征、流场及盐度特征等也曾开展了相关研究,但对厦门河口湾在洪水、台风等复杂动力作用下的水流、盐度及泥沙运动还有待于深入研究。尤其对河口湾顶区复杂地形的三维水流特征、盐淡水混合对泥沙沉降和输移的影响、河口湾顺岸港池的泥沙淤积机理等,均需开展深入研究。本书以厦门河口湾为研究对象,开展河口湾水沙运动特征及顺岸港池淤积的有关机理研究。

1.2 国内外研究现状

河口湾在国内外有广泛分布，由于处于重要的区域位置和便利的通航条件，历来被人们所关注和广泛研究。此处将河口湾以往研究成果进行总结，从河口湾的水动力泥沙运动特征研究、黏性细颗粒泥沙研究、河口湾泥沙运动研究方法及河口湾港区泥沙淤积整治研究等方面进行综述，以全面了解河口湾的有关研究成果和进展。

1.2.1 河口湾分类及水沙运动研究进展

1.2.1.1 河口湾定义及分类

河口湾位于河口及海洋的过渡带，且为两侧相通的半封闭性海湾。我国相关学者也对河口湾的定义及分类进行了研究，认为 Pritchard 关于河口湾的定义比较简明、严密和科学。该定义认为河口湾是一个半封闭的海岸水体，它与外海有自由的联系，在此水体内的海水受到来自陆地径流某种程度的冲淡。河口湾兼具河口和海洋的性质，但不等于河口，也不等于海湾。我国较典型的河口湾包括杭州湾、伶仃洋、乐清湾、厦门河口湾等，而长江口由于崇明岛等岛屿及沙洲的淤长，属于正在消亡中的河口湾。从上述定义不难看出，河口湾包含了河口的影响，同时强调了半封闭海湾内水动力及泥沙运动与沉积作用。

河口湾按照成因类型、动力强弱有多种分类方法，其中按照河口湾的成因类型，可将河口湾分为沉溺河谷型河口湾、峡湾型河口湾、拦门沙型河口湾、构造型河口湾和新生型河口湾等五大类，这主要是从地质学角度进行分类。对于我们关注的河口湾水沙运动而言，也有相关学者从物理海洋学观点，提出按照河口湾内引起水流运动的原因将河口湾分为由风浪控制的河口湾、由潮汐控制的河口湾和由河流径流控制的河口湾三种类型。很多学者主张以河口湾内的盐度分布、环流方式和混合作用过程作为分类依据，以有利于深入了解河口湾的流场性质。其中 Pritchard 总结性地提出盐淡水相遇可能的四种理论模式，他称之为河口湾非潮汐环流类型，成为经典的研究成果被普遍引用，即盐水楔型河口湾（A 型）、部分混合型河口湾（B 型）、垂直均匀型河口湾（C 型）、断面均匀型河口湾（D 型）。这四种理论模式主要根据淡水和盐水的相对关系划分，即径流较强，容易形成盐水楔类型，随着潮汐作用增强逐渐过渡到部分混合型、垂直均匀型，直至径流作用微弱形成断面均匀型。对某一个河口湾而言，可以随着径流量的季节变化，由一种类型转变成另一种类型。由此可知，径流与海洋动力的相互作用是划分河口湾类型的主要指标，也是研究河口湾泥沙运动的重要内容。

1.2.1.2 河口湾水动力、盐淡水混合及最大浑浊带研究进展

河口区水动力、盐度、泥沙运动及交换十分复杂，国内外研究主要集中于河口水动力、盐度及最大浑浊带等方面。以下对相关研究进展进行简要总结。

盐淡水掺混是河口水沙研究中的重要内容，不仅由于盐淡水掺混产生复杂的水流结构，也由于盐水对泥沙运动及沉降等有诸多影响。盐水入侵河口过程中往往形成盐水异重流，由于潮流盐水和径流淡水物理化学性质差异且流向相反，两者在河口区相互制约，相互抗衡，盐淡水相互作用往往使河口区泥沙运动更为复杂。水体垂向混合状态是衡量河流与海洋动力强弱

的一种指标,也是河口区重要的动力特征。河口区是发生盐淡水混合的重要区域。根据 Hansen 提供的分层系数 $\delta S/S_0$ 定义(其中:δS 为表、底层盐度差,S_0 为平均盐度值):当 $\delta S/S_0 > 1$ 时为高度分层;当 $\delta S/S_0 < 0.1$ 时为均匀混合;当 $0.1 < \delta S/S_0 < 1$ 时属于部分混合。一般来说,分层系数越小,表示混合程度越高;反之,分层系数越大,则混合程度越低。有关学者研究认为长江口的盐淡水混合属于缓混合型,在盐水入侵范围内,底部的净流速指向上游,而表层的净流速指向下游,其水流特征反映了盐水入侵对河口的影响,这些水流特征,构成了复杂的环流形态。河口区盐淡水掺混能够促成细颗粒泥沙的絮凝,影响泥沙颗粒的沉降速度,并在一定盐度条件下形成最大浑浊带。周华君通过研究长江口盐度变化认为最大浑浊带发生在盐度为 2‰~20‰ 的区域,且有明显的洪枯季和大小潮变化,而后者更突出。河口盐水入侵的现象与水流运动特征有着重要联系,而盐淡水混合对河口区流态和泥沙运动均产生较大影响。

就河口湾水动力而言,除一般条件下的径流、潮流及波浪等动力因素以外,强潮、洪水和台风是强潮河口区经常面临的主要威胁,特别在台风期间容易引发风暴潮和强降雨,对洪水发生顶托而影响泄洪,并使河口湾内泥沙运动更为复杂。我国受强潮、台风等强动力影响的河口湾主要位于浙江和福建沿海,比如钱塘江口、椒江口、瓯江口、闽江口和九龙江口等。对于强潮河口水沙动力过程,外海潮波经河口湾向口内传播时,潮波易发生变形,一般口内潮差大于口外,甚至发生涌潮。台风登陆或影响河口期间,不仅形成强风导致风暴潮和大浪,而且往往带来暴雨导致洪水。台风暴潮及洪水也会对河口区海床泥沙产生强烈影响,往往使河口区航道形成骤淤现象。由此可见,强潮、洪水、台风是河口区主要的强动力条件,对水动力及泥沙运动具有一定影响。

关于河口泥沙运动特性成果较多,其中包括泥沙水力特性、起动、输移、沉降等诸多方面。相关研究表明,波流边界层中泥沙起动不完全等同于单向流中的情形,泥沙运动不完全依赖于水流运动的状态,而是与水流、泥沙运动的过程有关。窦国仁曾用湍流脉动的观点研究平衡输沙时的近底泥沙通量,推导了水流挟沙力方程。对不平衡输沙的情况,韩其为进行了系统的研究,认为河床变形应有一个过程,含沙量并不总是等于挟沙力,而是通过河床冲淤逐步趋近于挟沙力。在河口环境下,必须考虑波浪和潮汐对挟沙力的影响,我国大量学者对潮流和波浪的挟沙能力进行了深入研究,并将所形成的半理论-经验公式应用于实际工程研究中。

河口区水沙交换频繁,最大浑浊带是潮汐河口的重要特征之一。在最大浑浊带附近各种物质的梯度较大,如:水体密度、盐度、含沙浓度以及生物化学因素等,水体的物理化学性质迅速由淡水特征过渡到海水特征,在这里泥沙的沉积和搬运过程相互作用、相互影响。一般认为影响最大浑浊带主要因素是潮汐动力的不对称性、重力环流、盐度和泥沙的物理性质等。Allen 等指出涨落潮流不对称输沙和密度梯度引起的余环流是最大浑浊带的主要形成原因。Brenon 等利用三维模型,复演了 Seine 河口最大浑浊带形成过程,指出潮泵效应在其形成中起了主要作用,盐度对于维持最大浑浊带中的细颗粒泥沙起了主要作用。贺松林指出瓯江口最大浑浊带与潮波变形、絮凝作用和有效沉速有关,高含沙量核心大致与 5‰~12‰ 等盐线和有效沉速最大值位置一致。

1.2.2 河口湾黏性细颗粒泥沙的研究进展

河口及河口湾悬浮泥沙一般为黏性细颗粒泥沙,受盐水环境、水体和泥沙本身的电化学性质及吸附作用等的影响,泥沙极易絮凝成团,其运动不再具有单颗粒性质,而具有聚集成团整体效应。因此,河口湾区絮凝泥沙的沉降、起动等均与非黏性泥沙运动有较大区别。

1.2.2.1 黏性细颗粒泥沙的沉降

黏性细颗粒泥沙的絮凝沉降受粒径、含沙量、水体紊动、盐度、温度、有机质等多种因素影响,这里对影响较大的前四者的研究情况进行总结。絮凝作用的强弱与基本颗粒粒径有关,泥沙基本颗粒越粗,絮凝作用越弱,大于 0.03mm 的泥沙颗粒,絮凝作用便不再显著。

在絮凝沉降阶段,含沙水体中絮团尺寸和个数一般随含沙量增大而增大,泥沙沉速也随含沙量而增大。当初始含沙量超过一定值后,因絮团相互作用形成一定结构,泥沙开始进入制约沉降阶段,泥沙沉速一般随含沙量增大而减小。大量学者通过试验、现场测量等得出含沙量较小时,沉降速度与浓度呈指数型增长关系。但当含沙量达到一定临界值后,沉速开始变小。

黏性细颗粒泥沙絮凝沉速还受到水体紊动影响,在环形水槽模拟流动盐水中的细颗粒泥沙沉降运动,并与流动淡水、静止盐水、静止淡水的情形对比,试验数据表明沉速从大到小的顺序为:静止盐水沉速、流动盐水沉速、静止淡水沉速、流动淡水沉速。

盐度对黏性细颗粒泥沙沉降也有一定影响,在比较低的盐度范围内,絮凝沉降速度随盐度的增长而迅速增长,当盐度超出一定数值之后,絮凝沉降速度随盐度并没有显著的变化。Migniot 通过试验观察,对于低浓度时,这个临界盐度为 3×10^{-6},对于高浓度时临界盐度为 10×10^{-6}。

1.2.2.2 黏性细颗粒泥沙的起动

黏性细颗粒泥沙在起动冲刷时的受力特点和运动形式与非黏性细颗粒泥沙有所不同。非黏性细颗粒泥沙起动冲刷时主要受到水流作用力(包括切应力、上举力)以及自身有效重力的作用,黏性细颗粒泥沙除了受到上述二个力作用以外,还受到颗粒间黏结力的影响。黏性细颗粒泥沙冲刷时的运动形式与非黏性细颗粒泥沙也不同。当非黏性细颗粒泥沙被水流冲动时,是以单个颗粒的形式运动;而黏性细颗粒泥沙在水流的作用下,是以多颗粒成片或成团的形式起动。

黏性细颗粒泥沙起动冲刷影响因素与水流动力条件的影响有关。在淤积固结条件下,黏性细颗粒泥沙一般表现较强的抗冲性。张兰丁认为影响黏性细颗粒泥沙运动的主要因素为水流产生的脉动应力,使胶团或团聚体间的结合逐渐松弛,从而浮起被水流带走。秦崇仁等通过试验发现,铜鼓浅滩淤泥在水流单独作用下难以起动,而在波浪的振动作用下则容易起动和悬扬。这一类影响可以归结为水流对泥沙悬扬的动力作用,同时也应包括水流的紊动扩散对黏性细颗粒泥沙的动力作用。

影响黏性细颗粒泥沙抗冲条件的因素还与泥沙物理化学性质和淤积固结条件有关,包括颗粒大小形状及级配、泥沙矿物组成、干密度、液塑性、抗剪强度等。泥沙颗粒越细,输沙率越小,表明抗冲性越强。淤积固结条件下,黏性细泥沙的抗冲能力受淤积历时、温度、淤积环境、淤积层厚度影响较大。淤积历时长,干密度越大,颗粒间越密实难以分散悬浮。

总的来看,上述研究总结了黏性细颗粒泥沙沉降和起动的各种影响因素,提出了各类有关泥沙沉降和起动的计算公式,但由于问题的复杂性,关关综合考虑多种影响因素的黏性细颗粒泥沙沉速公式,仍需要根据实测资料进一步改进和探索。

1.2.3 水动力泥沙数值模拟和港池航道淤积计算方法进展

近年来随着计算机技术的快速发展,海岸河口湾水沙数值模拟得到了较大提高,各类计算模式和软件应运而生,并被广泛应用到各类研究和工程论证中。在资料不足或数值模拟受到限制条件下,半理论半经验公式估算方法往往具有较大优势,因此有关规范中经验公式计算方法仍发挥着重要作用。以下对近年来河口湾水沙数值模拟和港口淤积经验公式计算方法的研究情况进行总结。

1.2.3.1 河口湾水沙数值模拟研究进展

河口水流泥沙的数值模拟自20世纪60年代开始,随着计算机的快速发展,近年来二维、三维数值模拟相继出现,模拟水平也得到了较大程度的提高。对于河口海岸的水流数值模拟,可从雷诺应力平均的纳维-斯托克斯方程(Reynolds Averaged N-S equations)出发建立三维水动力数学模型。对于河口环境而言,水流的水平空间尺度远大于垂直空间尺度,因此可以看作一种准平行流动,此时水质点运动的垂直加速度远小于重力加速度,垂直方向流体运动方程退化为静压方程,即静压假定。此时,利用水位变化代替压力变化,得到三维浅水运动方程,使得求解的数学问题得到简化。为更好模拟河床地形变化,σ坐标变换被应用到河口海岸三维数值模型中,σ坐标变换后的垂直坐标系可以在不同的水深处进行均匀分层。为了较好确定涡黏系数和扩散系数,水流模型中引入了湍流模式理论,应用最为广泛的是Mellor与Yamada提出的两方程紊流湍封闭模式。

对于河口水流泥沙的数值模拟,近年二维、三维数学模型均得到了较广泛的研究。针对三维泥沙数学模型的发展而言,国内外众多学者进行了大量研究。比如,周华君建立了基于曲线网格的水流泥沙三维模型,并应用于长江口最大浑浊带附近的泥沙输运研究。王崇浩等提出了具有二阶精度的有限单元三维水动力及泥沙输移模型,模型考虑了由水平密度梯度引起的斜压项、引用 2.5 阶 Mellor-Yamada 紊流模型耦合计算水流的涡动黏滞性系数与物质的紊动扩散系数;模型采用破开算子法求解控制方程,用欧拉-拉格朗日法求解水平对流项,用有限元法求解水平扩散项,有限差分法求解垂向扩散项,并利用该模型对珠江口泥沙运动进行了模拟,计算结果与实测结果吻合较好。目前在国内外得到广泛应用的软件 MIKE 3、Delft 3D、EFDC、ECOM-SED、MOHID、ROMS、COHERENS、FVCOM 等一般都可模拟河口区泥沙运动。

上述水动力泥沙数值模拟在海岸河口研究中有了广泛应用,但由于河口湾海域水动力复杂,不仅需要考虑水流泥沙运动,在台风频发区还需考虑台风暴潮及台风浪的影响,多动力影响因素下河口湾三维水沙数值模拟仍须进一步深入。

1.2.3.2 港口淤积计算方法研究进展

基于各种半经验半理论公式的港口航道泥沙淤积计算是港口规划设计和研究的一项重要内容,也是评价港口淤积最简单、最有效的方法之一。该方法一般采用经过理论推导,得出半理论半经验公式,并结合当地实测资料对港池航道的泥沙淤积进行计算。旧版《海港水文规范》(JTJ 213—98)泥沙章节有推荐的港池航道淤积计算公式,多年来在我国港口规划设计研究中得到了广泛应用,并发挥了重要作用。刘家驹基于连云港现场实测水流及含沙量资料,推导出了淤泥质港池和外航道的回淤计算公式,该公式除与含沙量、干密度、沉速等相关参数有关外，还与航道的开挖深度、浅滩水深及水流与航道夹角等因素有关。曹祖德利用珠江口伶仃洋航道有关资料和水池试验的有关成果，推导出了航道淤积计算公式，并进一步推导出了复式航道淤积计算公式。罗肇森推导出了大风天航道骤淤预报公式。刘家驹在以往研究的基础上，根据最新资料推导了淤泥质、粉沙质及沙质海岸航道回淤统一计算方法。孙连成对经过率定的天津港港池航道的淤积预报公式进行了总结。利用淤积公式预报港池航道的泥沙淤积在众多工程中得到广泛应用。

在河口及河口湾往往利用其有利的水深条件和掩护条件，多采用顺岸港池航道的布置形式。目前的泥沙淤积计算公式主要适用于环抱型港池及航道、开敞型航道，但对于顺岸港池航道的淤积计算公式尚缺乏，一般采用概化方法处理，计算方法与实际情况不符，精度也相对较差。因此，研究和推导顺岸港池航道淤积计算公式，对于河口湾或开敞型顺岸港池航道的淤积计算具有较强的实用性和重要意义。

1.2.4 厦门河口湾泥沙运动研究进展

对于九龙江河口近年也有学者进行了相关研究，蔡爱智等对九龙江口入海泥沙的扩散和河口湾的现代沉积特征进行了研究，认为九龙江入海泥沙中推移质泥沙数量大，占据着下游河床并直接推送到广阔的河口湾浅滩区，洪水期推移质砂可以冲积到打石坑以东的浅水区，也证明了九龙江入海泥沙无论粗和细颗粒大部分从南部入海。蔡锋等研究了厦门河口湾的泥沙运动特点与沉积动力机制，认为泥沙主要来源于河流输沙和潮流输沙，潮流输沙在枯水期尤为显著，而河流输沙则集中在洪水期。潮流输沙量明显大于河流输沙量，涨潮输沙量通常大于落潮输沙量；底沙推移运动主要发生在水道床面，是局部冲刷所致。推移质输沙表现为沙洲推移、沙嘴延伸或水下沙体游移；在涨潮流占优势的鸡屿北水道，有向西的推移质输沙迹象。20世纪60年代以来，九龙江上游各河道相继建闸，加强了河口湾潮流势力，使得悬移质泥沙运动呈现较强的规律性，在湾内新形成两片较大泥质淤积区。

王元领等通过对厦门河口湾洪水期和枯水期含沙量等值线的分析，描述了河口湾内悬浮泥沙的时空分布特征及其在涨潮和落潮期间的变化情况，并对洪水期大潮湾内水质点的滞流点位置作了计算。结果表明，水流运动和水体含沙量沿入海方向均呈现规律变化，河口湾内存在两个主要水流滞流区，一处位于海门岛北部，另一处位于鸡屿东侧，悬浮泥沙的分布和水流运动间呈现明显的相关性。林强等通过对九龙江口及厦门湾地区多个时相遥感资料分析，得出厦门河口湾为该地区悬沙浓度最高的区域，分布上具有"西高东低"的特征。骆智斌等采用浅水半隐式三维数值模型，考虑九龙江径流影响，运用垂向水平分层法建立了九龙江口—厦门湾三维潮流数学模型，对该海域的流场进行了模拟。

在厦门河口湾的盐度变化方面，李立等对九龙江口和厦门西港的盐度低频变化特征进行了研究，认为九龙江径流量是影响厦门盐度的主要因素，但不是唯一因素。在亚潮频段，盐度对径流的响应可能有相当强的非线性。温生辉、王伟强等研究了九龙江口—厦门港河口盐度锋面的特征，结果表明盐度锋面区的位置、宽度和盐度梯度随潮位、水深的变化而变化，认为九龙江河口区普遍存在"盐楔"现象。张福星等采用 ECOMSED 模式建立了九龙江河口区水动力及盐度的三维数值模型，模拟了丰水期九龙江河口区的盐度变化，认为河口区的盐度分布受潮流运动及九龙江淡水共同作用，有明显的潮周期特征，落潮时在河口区表层以九龙江淡水为主,外海高盐水占据底层区域,涨潮时垂向混合较强。

尽管上述研究对厦门河口湾的泥沙输运、盐淡水作用等有了一定的成果,但对厦门河口湾内正常水文条件、洪水条件及台风条件下的盐度分布差异及对含沙量的影响、不同水动力条件下三维泥沙运动及河口湾顺岸港池的泥沙淤积机理等方面内容尚需开展深入研究。

1.3 本书主要内容

根据上述河口湾水沙运动及顺岸港池淤积研究的进展和存在的问题,本书以厦门河口湾为研究对象,在对大量现场水沙资料和河口湾顺岸港池淤积分析的基础上,利用数值水槽研究顺岸港池淤积计算方法,将其用于厦门河口湾顺岸港池的淤积规律研究。构建台风、波浪、潮流及盐淡水掺混下的三维水沙模型,并改进黏性细颗粒泥沙沉速对于含沙量及盐度的影响,通过水动力泥沙数学模研究多种动力条件下河口湾盐度分布及对含沙量的影响,并对不同动力条件下顺岸港池的泥沙淤积机理进行分析。本书主要研究内容及章节安排如下:

第1章 阐明河口湾分类及水沙运动、黏性细颗粒泥沙的沉降和起动等的研究进展,总结水动力泥沙数值模拟和港口淤积计算方法的有关成果,并回顾厦门河口湾近年的研究进展,在此基础上提出本书的主要研究内容和重点。

第2章 利用厦门河口湾大量水沙实测资料,从地形地貌、海洋水动力、径流输沙及盐淡水掺混、泥沙环境、河口湾冲淤及顺岸港池的淤积等方面,初步分析厦门河口湾水沙运动特征及对顺岸港池淤积的影响,为顺岸港池的淤积计算方法和数学模型的机理研究奠定基础。

第3章 针对河口湾顺岸港池淤积计算方法开展研究,利用水流数学模型研究顺岸港池尺度对港内流速的影响,探讨港池流速与水深关系,提出顺岸港池半理论半经验淤积计算公式,通过实测资料验证计算后应用于厦门河口湾顺岸港池的淤积计算中,分析港池淤积规律及影响因素。

第4章 根据厦门河口湾的水动力及泥沙特点,构建水动力泥沙数学模型,并对黏性细颗粒泥沙沉速公式进行改进。对系统中各模型的适应性进行分析,分别介绍模拟系统中的台风理论模型、SWAN 风浪模型、EFDC 三维水动力泥沙模型。研究河口湾含沙量、盐度等对黏性细颗粒泥沙沉速的影响,提出影响因素的计算公式,从而改进三维泥沙数学模型。

第5章 建立厦门河口湾水沙运动数学模型,采用实测资料分别对正常水文径流、洪水输沙及强台风动力过程下的水动力、盐度及泥沙运动进行验证计算。根据数值模拟结果,对不同水动力条件下厦门河口湾的水流与盐度的相互影响进行了分析,研究了盐度絮凝对含沙量分布的影响以及厦门河口湾内盐度与含沙量对沉速的影响过程。

第6章 利用水动力泥沙数学模型计算和研究研究正常水文条件、洪水条件和强台风动力条件下河口湾顺岸港池的淤积特征及影响因素,并分析沉速对泥沙淤积的影响。

第2章 厦门河口湾水沙运动及顺岸港池淤积特征

本章通过大量水沙实测资料,分析了厦门河口湾在地形地貌、海洋水动力、径流输沙及盐淡水掺混、泥沙环境、河口湾冲淤及顺岸港池的淤积等方面的特征,为后续相关研究奠定基础。

2.1 厦门河口湾水沙运动特征

2.1.1 地形地貌特征

九龙江位于福建厦门湾海域,是福建省第二大河,与其相接的河口湾区为一口小腹大的狭长海湾,湾口至湾顶长约18km,湾口宽约4km,湾顶宽约9km。湾顶水域由浒茂洲、乌礁洲、玉枕洲等沙洲分割为北港、中港和南港三条入海通道,其上游承接北溪和西溪,并有南溪汇入湾内。河口湾以鸡屿、海门岛一线向西为水下浅滩,两岛将湾口水域分成南、北水道,其东侧与厦门湾口相连接,与嵩鼓水道、厦鼓水道构成进入海湾的主要通道。厦门河口湾内地形呈西高东低的分布,水深在 $-10 \sim 2$m(理论基面,下同)不等。在乌礁洲、玉枕洲及海门岛南侧水道天然水深较大,北港和中港口门也有沟槽发育,并与浒茂洲东侧浅滩相邻分布。厦门河口湾北侧沿岸为厦门港海沧港区,目前港池航道开挖水深为 -15.5m,其中东段与湾口主航道相接;西侧为浅水深用段,紧邻湾顶及北港水道(图2-1)。

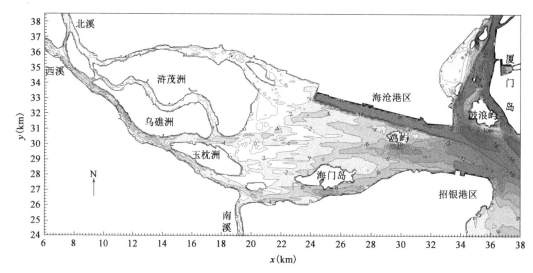

图2-1 厦门河口湾形势图

2.1.2 海洋水动力特征

2.1.2.1 潮汐与潮流

根据厦门海洋站1986—2006年验潮资料统计,该海域属于正规半日潮型,潮汐动力强,最大潮差6.88m,平均潮差4.08m。该海域鼓浪屿测站的理论深度基准面在56国家高程下3.02m。该海域潮差自外海向河口逐渐增大,至湾顶达到最大值。

对2000年、2008年、2009年和2013年实测水文全潮资料进行分析,本海区的潮流属于正规浅水半日潮流型,河口湾内水流总体呈东西向往复流运动(图2-2)。大潮平均流速在0.3~0.8m/s,具有湾口及水道深槽强、湾顶浅滩区域弱的分布特点,其中海门和鸡屿断面流速最大,可达1.3m/s左右。在河口湾水域,洪季一般落潮流大于涨潮流,洪水期间在水道内甚至可达到3~4倍,枯季涨落潮流速则相差不大。流速在垂线分布上呈现表层到底层逐渐减小的特点。

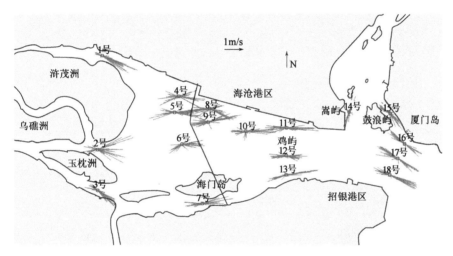

图2-2 厦门河口湾潮流矢量(2013年7月14日—16日测量)

2.1.2.2 风与波浪

根据厦门英雄山气象站多年风资料统计,该海域常风向为NE向,次常风向为E向,频率分别占15%、10%,强风向为NE向。较强大风主要出现在台风登陆或影响期间。

厦门湾湾口朝向东南,附近大小岛屿众多,外海波浪难以直接进入,掩护条件较好。该海区常浪向为S~E向,强浪向也为S~E向;由于地形及受外海波浪影响程度不同,湾内外波浪要素相差较大,波高从外海的流会向嵩屿逐渐减小,流会最大波高6.9m,塔角最大波高4.3m,后石最大波高3.1m,而湾内的嵩屿最大波高减小到1.4m,可见波浪对河口湾总体影响不大。

2.1.3 台风特征

2.1.3.1 台风的时间分布

厦门河口湾处于台风影响频繁的地区,根据1950—2009年影响厦门的台风统计,以厦门鼓浪屿为中心半径为300km的范围内，在60年间共出现159场，平均每年2.65场。表2-1给出了近年来每年影响的台风次数，由此可知，该海域每年均有台风影响，其中最多为每年4次，最少为每年1次，年均3.1次。

1998—2009年期间厦门周边300km影响台风次数统计　　　　表2-1

年份	1998	1999	2000	2001	2002	2003	2004	2005	2006	2007	2008	2009
次数	3	4	1	4	2	2	4	4	4	3	4	2

就台风登陆的月际分布而言，表2-2给出了1990—2006年登陆福建台风情况。由表2-2可见，每年7~9月是台风登陆福建最集中的时段，占登陆台风总数的92%。其中，8月份最多，占37.5%；7月其次，占28.4%；9月居第三位，占26.1%。影响厦门的台风最早发生于5月18日（1974年），最晚发生于11月18日（1967年）。

1990—2006年期间厦门周边300km台风影响次数统计　　　　表2-2

月份	6	7	8	9	10	全年
总数（次）	6	50	66	46	8	176
比例（%）	3.4	28.4	37.5	26.1	4.5	—

2.1.3.2　台风路径

西北太平洋台风的四种基本路径主要有西行路径、西北路径、转向路径和曲折路径。其中西北路径台风对福建影响最大，这类台风往往从菲律宾以东洋面向西北方向移动，经巴士海峡直接登陆福建或登陆台湾后穿海峡再次登陆福建。根据魏应植等研究，登陆（影响）厦门海域的台风主要有直接登陆型、登台入闽型、登粤型、北部登陆型四种典型路径。

（1）直接登陆型

直接登陆型路径包括来自西太平洋经巴士海峡直接登陆福建，或登陆台湾岛南端（台风主体未受到台湾中央山脉阻挡）后再次登陆福建，也包括登陆菲律宾群岛后北上再次直接登陆福建的台风。该路径登陆台风的风速大、来势急、降雨多，易造成严重的风灾和水灾。如在厦门登陆的195903号、197301号、199914号台风和在漳浦登陆的198304号、199006号等台风都属于这一路径。

（2）登台入闽型

登台入闽型路径就是先登陆台湾岛，受到台湾地形摩擦作用影响后，再次登陆福建的台风。登台入闽型是登陆及影响福建频数最高的路径。1949—2005年，登陆福建的台风中约有60%先登陆台湾。这种路径的特点是，从福建省中部地区登陆，影响范围大、时间长。如200519号（龙王）、200604号（碧利斯）、200605号（格美）等。

（3）登粤型

登粤型路径是指在广东饶平及以西登陆，对福建造成影响的台风。如196001号和196103号台风，两次台风的路径非常相似，都是在香港登陆，之后经粤东北进入闽西、闽北地区。又如200510号（珊瑚）登陆粤东之后进入福建，在闽南地区造成严重的洪涝灾害。

(4) 北部登陆型

北部登陆型是指从台湾岛以北—东海南部海域,登陆福建省中北部地区,或从台湾东部沿海绕经台湾岛以北海域,进入台湾海峡并登陆福建省中南部地区,也包括登陆浙南地区并严重影响福建的台风。如 196611 号、196614 号、196615 号台风和 200608 号(桑美)超强台风都属于典型的北部登陆型路径。

在上述四种登陆(影响)福建的台风路径中,直接登陆型和登台入闽型在厦门海域较为常见,其中前者对厦门海域的影响也最大。如 195903 号(IRIS)、199914 号(DAN)台风就是在厦门海域直接登陆的两场台风,也是近 50 年来影响厦门最强的台风。

2.1.4 径流输沙及盐淡水特征

2.1.4.1 径流及输沙

厦门河口湾的径流和泥沙主要来自西溪、北溪,南溪的径流很小。根据北溪浦南站和西溪郑店站 1991—2009 年水文资料统计,北溪、西溪的平均流量分别为 259.8 m³/s、124.2 m³/s。九龙江属山区性河流,径流量受降水影响,洪水主要由暴雨及台风降雨造成,具有明显的季节性特点,其中,5~9 月连续 5 个月的径流量约占全年径流量的 69%(图 2-3)。

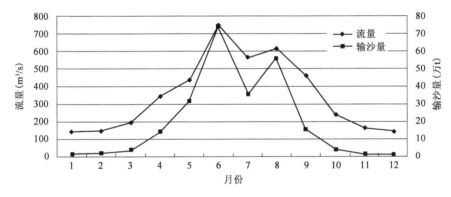

图 2-3　九龙江 1991—2009 年期间输沙量和流量变化

九龙江来沙量和来水过程基本一致,泥沙主要在洪季下泄,对河口港区的淤积会造成较大影响。近年来九龙江输沙量基本在 200 万 t 左右,但年际间变幅较大,其中 2004 年年均输沙量只有 43.7 万 t,而 2006 年达 629.0 万 t。

2.1.4.2 盐淡水掺混

厦门河口湾受潮汐盐水和径流淡水共同影响,且洪水期更为显著。湾内盐度分布自河道向海逐渐增大,北、中、南港水道上游盐度较小,一般小于 6‰,向湾口区盐度逐渐增大,至湾口外水域平均盐度为 30‰ 左右(图 2-4)。湾内存在径流与海水交界的冲淡水锋面,落潮过程各层盐度从河口向外迅速递增,等值线都大致呈西北-东南走向,各层的盐度梯度、锋面位置等存在一定的差异。

据 Hansen 等关于水体垂向混合分析方法计算,海门岛上游部分为混合状态,以下水域为均匀混合状态,这说明了上游径流作用对盐度分布影响的不同程度。以部分混合为主的河段,在水平方向和垂直方向均有明显的密度梯度存在,密度梯度存在将影响泥沙运动,盐淡水的混合也改变了颗粒的沉降特性。通过对 2008 年大潮实测资料分析,图 2-5 给出厦门河口湾纵向断面落急时刻含沙量与盐度沿程分布。由图 2-5 可见,在河口湾南、北两个纵断面的盐度垂线上的斜压分布较明显,含沙量在南、北侧的湾顶较高,其次是南侧的湾口处,这除与当地水流掀沙能力有关外,也受到盐度形成的密度环流影响。

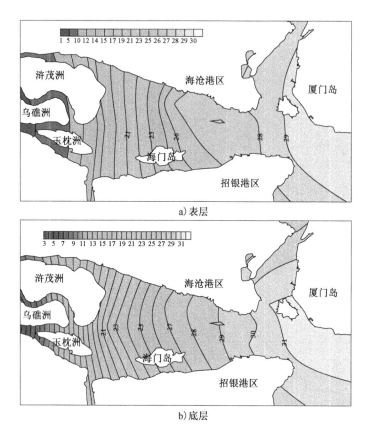

图 2-4 厦门河口湾落急时刻盐度平面分布(2008 年大潮)(单位:‰)

2.1.5 泥沙环境特征

2.1.5.1 含沙量

厦门河口湾的含沙量横向分布具有自湾顶向湾口逐渐减小的特点。如 2000 年洪季大潮平均含沙量:北中南港口门断面为 $0.28 kg/m^3$,至海门岛断面为 $0.14 kg/m^3$,至鸡屿断面为 $0.07 kg/m^3$,到湾口断面平均为 $0.05 kg/m^3$。含沙量纵向分布总体具有南侧大于北侧的特点,其中海门岛以南水道向湾口输沙距离较远,表明南港和中港为九龙江输水输沙的主要通道。根据实测资料通过遥感卫片分析的含沙量结果反映了这些趋势(图 2-6)。

厦门河口湾含沙量主要与潮流动力强弱、上游泄洪输沙情况有关。潮流动力越强含沙量也随之越大,大潮平均含沙量约为小潮的 2~6 倍。含沙量变化落后于流速变化,最大含沙量一般在涨落急后 1~2h(图 2-7)。上游泄洪河口湾含沙量也随之增大,2013 年 7 月泄洪期间中港口门附近最大含沙量可达 $1.6 kg/m^3$。

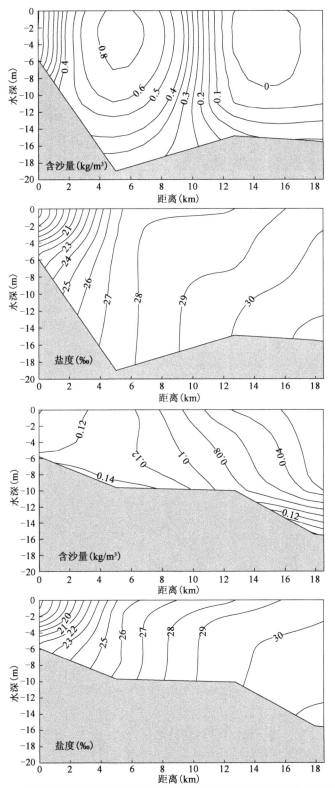

图 2-5 厦门河口湾纵向断面落急时刻含沙量与盐度沿程分布(2008年大潮落急)

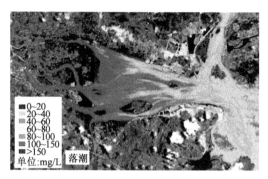

图2-6 厦门河口湾遥感含沙量分布

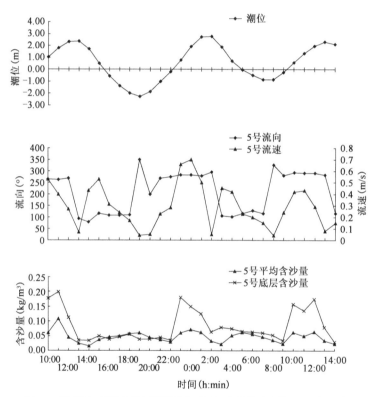

图2-7 厦门河口湾海沧港区测站潮位、流向、含沙量过程线(2009年6月)

厦门河口湾内含沙量垂向分布一般底层为表层的1~3倍,但在河口湾汊道区及湾顶区含沙量整条垂线上含沙量都比较高,且上下分布相对均匀(图2-8),这与该水域水深浅、水体垂向交换均匀等因素有关,垂向分布的不均匀变化与局部水流和疏浚施工有关。另外,上游洪水下泄过程,河口湾含沙量总体增大,但垂线分布差异不大。

2.1.5.2 悬沙与底质

根据以往历次全潮悬沙取样的粒度分析结果,该海域悬沙主要为细颗粒物质,中值粒径一般在0.001~0.018mm。

河口湾内底质类型分布复杂,总体上有自西向东由粗到细的分布趋势(图2-9)。九龙江河口汊道区底质较粗,中值粒径在 1.5mm 左右;北港、中港和南港三个汊道中,北港底质中值粒径在 0.006mm 左右,南港底质中值粒径为 0.5~0.8mm。在河口湾水域,海沧港区底质除了个别点外,中值粒径一般在 0.005~0.01mm;海门岛南北水域底质中值粒径为 0.1~0.5mm,较粗颗粒向东扩展至鸡屿岛附近。海门岛南北侧延伸至鸡屿岛水域黏土含沙量 0~20%。

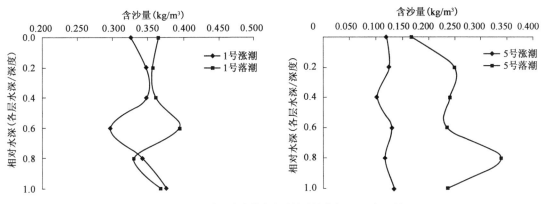

图 2-8　河口湾测站涨落潮含沙量垂线分布(2013 年 7 月)

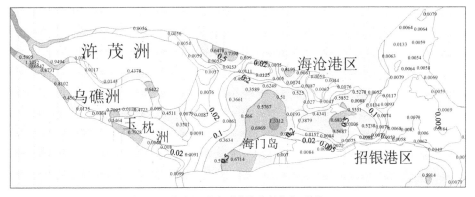

图 2-9　厦门河口湾底质中值粒径分布(单位:mm)

海沧港区航道内主要以黏土质粉砂分布,中值粒径平均约为 0.008mm,黏土含量在 30% 左右,表明河口湾港池航道内主要为细颗粒悬沙落淤,推移质所占含量甚少。

2.2　河口湾冲淤变化及顺岸港池泥沙特征

2.2.1　河口湾冲淤变化特征

根据 20 世纪 60 年代以来的历史海图资料对比分析,厦门河口湾处于一种缓慢的淤涨趋势(图 2-10)。1960—1985 年期间 −5m、−10m 等深线向东推移最大距离约 300m,这与该时期沿岸植被破坏、上游输沙量增大以及工程建设等因素有关。1985—1986 年一年时间里,其等深线形态基本保持稳定,但是受到 8607 号台风影响,造成九龙江上游洪水下泄,青礁附近的 −10m 等深线被分开,此阶段平均淤积厚度在 0.10m 左右。1993—2000 年河口湾水域总体保持基本稳定,海床年均淤积厚度为 0.24cm。2000—2012 年海沧港区向西部扩展、横穿河口湾的厦漳大桥实施,该期间河口湾大范围地形总体保持了稳定,中港口门往东北向有一条明显的冲刷沟延伸至海沧港区泊位处(图2-11),该时期冲刷幅度在1.0~3.0m,最大可达4m以上,与海沧港区航道向西扩展后归槽水流冲刷加大有关。

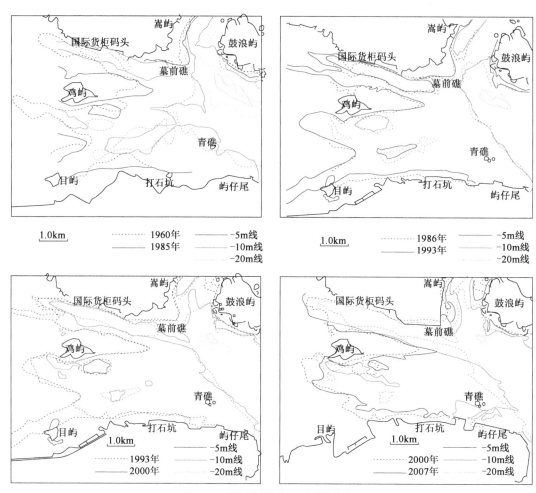

图2-10 不同时期厦门河口湾等深线变化

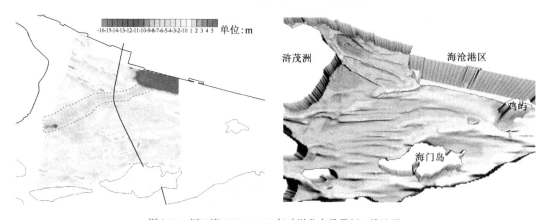

图2-11 河口湾2000—2012年冲淤分布及最新三维地形

对于整个河口区来说,其泥沙来源主要来自九龙江上游,除了洪季期间水沙量较大外,其余月份水沙量都比较小,河口区有限的泥沙来源也决定了其基本稳定的形势。

2.2.2 顺岸港池的淤积特征

海沧港区航道位于河口湾北岸,自厦门河口湾湾口向西顺岸布置,港池航道连成一体并共用,是典型的顺岸港池。海沧顺岸港池自湾口至鸡屿段在1998年建成后使用良好,根据2001—2003年资料统计,航道年淤积强度一般在0.4m左右。近年随着港区航道向西部湾顶浅水区扩展,邻近湾顶水域的14号泊位以西段港池航道发生了多次较强的较严重淤积。其中,2010年6月,九龙江上游发生洪水(相当于10年一遇),其中北溪最大日平均流量4140m³/s,西溪最大日平均流量630m³/s,14号泊位以西航道平均淤积厚度约1.6m,最大淤积厚度出现在16号泊位航道附近,可达2.0m以上。另外,在2010年9月、2011年5月、2013年7月九龙江上游泄洪后,海沧西段航道最大淤积厚度均在1.0m以上(图2-12、图2-13)。除洪水淤积外,14号泊位以西港池航道的正常淤积厚度也大于东部水域。洪水与台风作用后海沧航道淤积分布见图2-14。

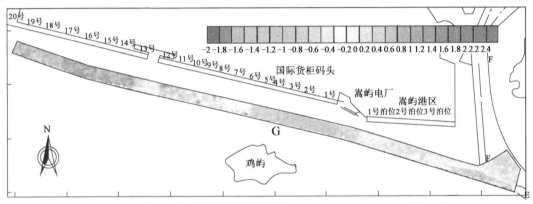

图2-12 10年一遇洪水后海沧航道淤积分布(2010.6.11—2010.7.6)(单位:m)

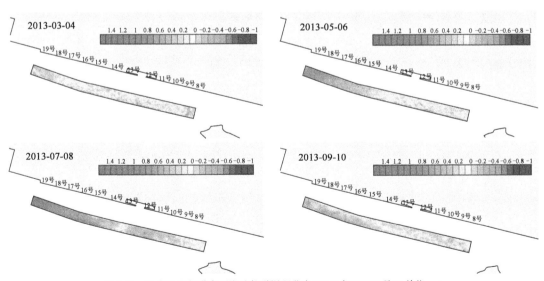

图2-13 正常径流与洪水下海沧航道淤积分布(2013年3—10月)(单位:m)

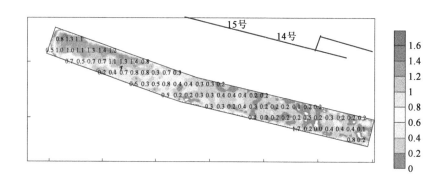

图 2-14　洪水与台风作用后海沧航道淤积分布(2010.9.11—2010.9.26)(单位:m)

从海沧港池航道多次取样结果来看,均为黏性细颗粒物质,中值粒径在0.008mm左右,黏土含量一般在30%左右。仅在航道西端局部边坡处略有少量粗颗粒物质。由此说明海沧港区航道以悬沙落淤为主。

海沧顺岸港池的淤积反映出两个主要特点:一是航道淤积时间差异,洪水期和台风期淤积大、正常水文条件淤积小;二是航道淤积的空间分布差异,即航道西段大、东段小。上述特点与该区泥沙来源、淤积环境以及疏浚施工等多种因素有关。

(1)泥沙来源

厦门河口湾港区的泥沙来源主要归结为以下几个方面:一是九龙江径流的输水输沙;二是河口沉积物随落潮水流泥沙及整个河口区细颗粒泥沙来回搬运;三是人为因素(如工程施工作业、采砂、疏浚等)导致的含沙量升高、泥沙输移;四是少量的海向来沙。这些因素中九龙江上游的来水来沙起到关键作用,其他因素在特定条件下有可能成为主要影响因素。

(2)淤积环境

厦门河口湾港区淤积环境主要有以下影响因素:港区浅水深用段过流断面变化引起的水体挟沙力下降;涨落潮相互作用;水流扩散和盐淡水混合;台风及洪水影响;局部岸线及地形造成的归槽水流等。

上述主要依据现场资料对厦门河口湾水沙特征及海沧顺岸港池的淤积状况与影响因素进行了初步分析。但厦门河口湾的水沙盐度运动机制以及顺岸港池的淤积规律等,还需要通过理论分析及水动力泥沙数模进行进一步深入的研究。

2.3　本章小结

本章首先对厦门河口湾的水沙特征进行了分析,认为影响河口湾的动力复杂多样,其中湾内以水流动力为主,且属于潮汐动力占优势的河口湾,波浪对河口湾影响不大;河口湾盐度自湾顶向湾口逐渐增大,盐度在平面和垂向均存在斜压梯度,盐淡水掺混以部分混合为主;含沙量随水流动力增强而增大,并形成湾顶至湾口逐渐减小的分布,这除与当地水流掀沙能力有关外,也受到盐度形成的密度环流影响;湾内底质分布复杂多样,对港区航道淤积影响的主要为黏性细颗粒泥沙,即淤积形态主要为悬沙落淤。厦门河口湾北岸顺岸港池在洪水期和台风期淤积大、正常水文条件淤积小,并具有西段大、东段小的淤积分布特点。

第 3 章　河口湾顺岸港池水流特点及淤积计算方法

　　泥沙淤积是港口航道中最关注的问题之一，但由于港池布置形式不同，其预报和计算的方法也有所差异。第 2 章提到厦门河口湾北岸的顺岸港池是河口及海岸较常见的布置形式。顺岸港池航道与环抱型、离岸式布置的水流特征不同，其港池的尺度对归槽水流也有不同影响。港口淤积计算公式一般通过理论推导得出，经实测资料验证率定相关参数，这类公式在我国港口工程泥沙研究中起到了重要作用，也是预报泥沙淤积的手段之一。而对于顺岸式港池淤积计算，目前还没有合适的计算方法。本章在研究顺岸港池水流特点的基础上，提出顺岸式港池的淤积计算公式，采用实测资料进行验证，并用于厦门河口湾顺岸港池淤积预报和规律研究中。

3.1　顺岸港池水流数学模型试验

　　顺岸港池开挖后，一般在港池及附近水域的流场产生变化，从而影响港池内的淤积。通常认为港池开挖后其内部流速减小，使淤积增大，但当港池长度达到一定距离后，水流可能形成归槽效应使港内流速增大，从而减小港内淤积。因此，需要首先研究顺岸港池的水流特点及分布，从而进一步掌握泥沙淤积情况。

3.1.1　水流数学模型的建立

　　采用本书的水动力数学模型建立水流模型，模型计算网格采用四边形网格，网格步长取 50m，模拟范围为 30km×20km 的数值水槽。该模型 E、W 为开边界，S、N 为固边界，顺岸式港池设置于 N 边界的中部，港池宽 500m，港池顺岸的长度根据试验状况取不同长度。为方便研究，这里采用概化水深，即水槽原始水深取 10m，港池开挖水深分别取 15m 和 20m。计算时模型边界采用水位和流速控制。水流模型及港池布置如图 3-1 所示。

3.1.2　港池长宽比对港内流速的影响

　　为了研究顺岸港池宽度相同、顺岸长度不同条件下港内的流场及流速变化情况，分别对天然状态和港池长度分别为 1000m、2000m、3000m、4000m、5000m 等方案进行了计算。根据计算结果分析，方案呈类似特点，即在港池首端附近水域外侧水流向港池内斜向汇入，在港池中部水域基本成平行于岸向运动，至港池尾端水域则有水流斜向流出港池（图 3-2）。流速测点布置如图 3-3 所示。

第3章 河口湾顺岸港池水流特点及淤积计算方法

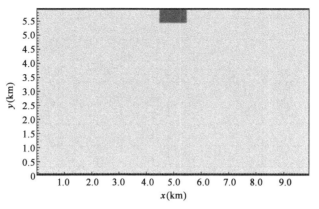

图 3-1 水流模型及港池布置

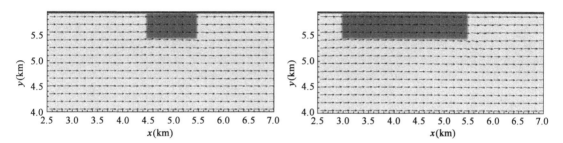

图 3-2 顺岸港池不同长宽比布置的垂向平均流场

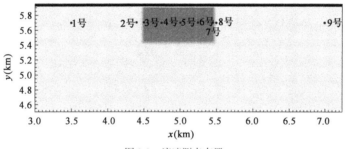

图 3-3 流速测点布置

为了解顺岸港池长宽比对港内流速的影响,对不同长宽比值和港池内各点垂向平均流速比值进行了分析(表3-1、图3-4)。由二者的相关分析结果可知,二者相关性较好。表明当港池长宽比达到一定比例后,港内流速总体上较天然状态增大,且槽内流速增大趋势随挖槽长宽比增大而逐渐趋缓。

港池不同长宽比各测点垂向平均流速比值(开挖后/开挖前)　　表 3-1

开挖深度(m)	长宽比	1 号	2 号	3 号	4 号	5 号	6 号	7 号	8 号	9 号
$h=-15.0$	2.0	1.03	1.13	0.78	0.83	0.85	0.84	0.80	1.19	1.04
	4.0	0.82	0.95	0.96	0.96	0.96	0.93	0.87	1.29	1.07
	6.0	0.93	1.01	1.01	1.01	0.99	0.96	0.90	1.32	1.09
	8.0	1.10	1.11	1.11	1.10	1.07	1.02	0.95	1.40	1.12

续上表

开挖深度(m)	长宽比	1号	2号	3号	4号	5号	6号	7号	8号	9号
$h=-15.0$	10.0	1.21	1.18	1.17	1.15	1.12	1.06	0.99	1.45	1.14
$h=-20.0$	2.0	1.05	1.19	0.73	0.69	0.71	0.70	0.76	1.06	1.06
	4.0	0.79	0.86	0.87	0.88	0.87	0.82	0.87	1.21	1.11
	6.0	0.84	0.94	0.95	0.94	0.92	0.87	0.91	1.26	1.13
	8.0	1.11	1.12	1.12	1.10	1.05	0.97	1.01	1.40	1.19
	10.0	1.36	1.29	1.28	1.24	1.17	1.08	1.11	1.54	1.26

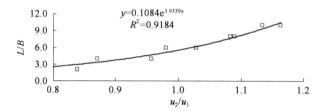

图3-4 顺岸港池长宽比与挖深流速比值的关系

3.1.3 流速与水深关系中指数 n 的试验与探讨

根据以往的理论推导和相关试验结果,流速的变化与水深的变化存在一定的关系,通常可以表示为 $u_2/u_0 = (h_0/h_2)^n$,式中的指数 n 在以往研究中取过不同值,该指数反映水深导致流速的变化关系,为水流归槽指数。其中在水流连续定律中 $n=1$,在伶仃洋航道整治工程试验研究中 $n=-0.22$ 等。这里根据顺岸式港池流速变化研究结果,对该指数的选取方法进行探讨。根据上述计算得出的流速结果,图3-5 给出了不同开挖深度下顺岸港池的长宽比与 n 值的关系,由图3-5可见相关性较好。由此说明,随着顺岸港池长宽比的改变,流速与水深关系中的 n 是变化的。

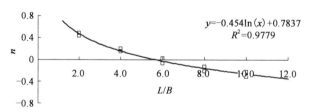

图3-5 指数 n 与顺岸港池长宽比的关系

3.2 顺岸港池泥沙淤积计算公式的建立与验证

由上述研究可知,由于边滩水流归槽的影响,顺岸港池的长宽比变化影响港池流速。这在以往的淤积公式中并未考虑,构建该类港池淤积公式时应予以概化考虑(在有条件时应采用潮流模型计算或实测资料分析)。这里在挟沙力公式及淤积计算公式基础上,将上述顺岸港池的水流变化规律引入,从而推求顺岸港池淤积计算公式。

3.2.1 顺岸港池淤积计算公式的建立

水流挟沙力的一般表达式可写为:

$$S_* = \alpha\rho\left(\frac{u^2}{gh}\right)^m \tag{3-1}$$

式中,S_* 为水流挟沙力;ρ 为水密度;u 为水流流速;g 为重力加速度;h 为水深;α 为系数;m 为经验系数,可根据现场实测资料或水槽试验得出。

港池开挖前含沙量及流速水深可表示为:

$$S_0 = \alpha\rho\left(\frac{u_0^2}{gh_0}\right)^m \tag{3-2}$$

将式(3-1)与式(3-2)相比,经简化后得:

$$\frac{S_*}{S_0} = \left(\frac{u^2}{u_0^2}\frac{h_0}{h}\right)^m \tag{3-3}$$

泥沙淤积计算的一般表达式为:

$$p = \frac{\alpha\omega_s}{\rho_c}(S_0 - S_*) \text{ 或 } p = \frac{\alpha\omega_s S_0}{\rho_c}\left(1 - \frac{S_*}{S_0}\right) \tag{3-4}$$

式中,p 为以厚度表示的淤积率;α 为泥沙沉降概率;ρ_c 为淤积土干密度。

利用淤积一般式可得出顺岸式港池的淤积计算公式为:

$$\Delta_t = \frac{\alpha\omega_s S_0 t}{\rho_c}\left(1 - \frac{S_*}{S_0}\right) \tag{3-5}$$

式中,Δ_t 为在淤积时间内的淤积厚度;t 为淤积时间。

将式(3-3)代入上式,以港池水深 h_2 和港池流速 u_2 替换式中的 h 和 u,可得:

$$\Delta_t = \frac{\alpha\omega_s S_0 t}{\rho_c}\left[1 - \left(\frac{u_2^2}{u_0^2}\frac{h_0}{h_2}\right)^m\right] \tag{3-6}$$

由于 $u_2/u_0 = (h_0/h_2)^n$,代入上式得:

$$\Delta_t = \frac{\alpha\omega_s S_0 t}{\rho_c}\left[1 - \left(\frac{h_0}{h_2}\right)^{m(1-2n)}\right]$$

经整理得:

$$\Delta_t = \frac{\alpha\omega_s S_0 t}{\rho_c}\left[1 - \left(\frac{h_0}{h_2}\right)^\beta\right] \tag{3-7}$$

式中,$\beta = m(1-2n)$ 为落淤综合指数,$\beta \geq 0$;m 为经验参数;n 为水流归槽指数,与港池长宽比有关,可根据上述研究成果选取。

式(3-6)、式(3-7)可用来计算顺岸港池长宽比不同条件下的淤积厚度,在有现场实测流速资料或潮流模型试验资料的情况下可采用式(3-6)进行详细计算,在缺乏相关资料的情况下可采用式(3-7)进行估算。

3.2.2 公式参数的选取

(1)系数 α,根据实测资料确定,无实测资料时可初选 $\alpha = 0.40 \sim 0.70$。

(2)泥沙沉降速度ω_s,与泥沙粒径及含沙量浓度等多种因素有关,宜通过水槽试验确定,在无试验资料时,可初选如下数值:淤泥质海岸$\omega_s = 0.00045 \sim 0.00055$m/s;粉沙质海岸$\omega_s = 0.0006 \sim 0.0008$m/s。

(3)初始含沙量S_0,应由现场实测资料确定,也可采用规范公式计算。

(4)计算时段t,应按不同潮型、不同涨、落时间选用。

(5)淤积土干密度ρ_c,应根据底质和疏浚土密实情况确定,也可参照相关公式计算得出。

(6)港池内流速u_2,可通过实测资料或潮流模型试验得出。

(7)边滩原始流速u_0,应取不同潮型、不同潮段的流速。

(8)港池水深h_2和边滩原始水深h_0,可通过现场资料确定。

(9)经验系数m通过水槽试验或现场实测资料确定,洋山港实测资料拟合结果为0.4。

(10)落淤综合指数β需要根据计算确定,此处根据洋山港实测资料拟合了计算式(图3-6),在其他地区应根据实测资料进行修正后应用。

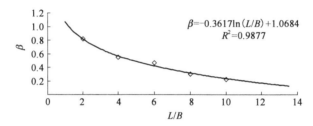

图3-6　港池不同长宽比下与落淤综合指数β关系

3.2.3　计算公式的验证

上海洋山深水港是典型的顺岸港池,这里以该港池实测资料为依据,对上述淤积计算公式进行验证。表3-2给出了洋山港一、二期港池不同时期的淤积情况。2007年3月—2007年6月一期港池年平均淤积厚度0.17m/年;二期港池年平均淤积厚度0.43m/年。2006年7月—2007年6月一期港池月平均淤积量为4.82万m³,折算为年平均淤积厚度0.66m/年;2006年10月—2007年6月二期港池月平均淤积量为14.88万m³,折算为年均淤积厚度为1.85m/年。这里采用上述不同时期各港池的淤积资料进行公式验证计算。

洋山港一、二期港池实测淤积量和淤积厚度　　　表3-2

位　　置	月平均淤积量(万m³)	年平均淤积厚度(m/年)
一期港池(2007.03—2007.06)	—	0.17
二期港池(2007.03—2007.06)	—	0.43
一期港池(2006.07—2007.06)	4.82	0.66
二期港池(2006.10—2007.06)	14.88	1.85

利用上述淤积计算公式对洋山港一期、二期工程的顺岸港池进行计算。其参数选取如下:

(1)系数α取0.45。

(2)泥沙沉降速度ω_s取0.0005m/s。

(3)初始含沙量 S_0 根据1998—2007年小洋山长期固定站每日高、低潮时表层含沙量实测资料(图3-7),经折算得出垂线平均含沙量。其中年均含沙量为 $1.4 kg/m^3$,3月~6月平均为 $1.52 kg/m^3$。

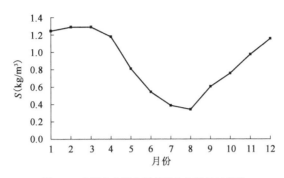

图3-7 小洋山水域实测月平均含沙量过程线

(4)淤积土干密度 ρ_c 取 $780 kg/m^3$。
(5)一期、二期边滩原始水深分别取为15.0m、12.0m,港池水深 h_2 为16.5m。
(6)一期长宽比为(1600m/780m)、二期长宽比为(3000m/780m),根据计算,系数 β 分别取0.76、0.56。

通过上述条件,利用已建立的顺岸港池淤积公式,经计算得出洋山港一期、二期港池的淤积情况,见表3-3。从计算结果看,各港池淤积的计算值与实测值基本一致。由此可见,采用建立的顺岸港池淤积计算公式能够较准确地预报顺岸港池的淤积情况。

洋山港一期、二期港池淤积厚度计算值与实测值比较　　　　表3-3

位　　置	本书公式计算淤积厚度	现场实测淤积厚度
一期港池(2007.03—2007.06)	0.20m	0.17m
二期港池(2007.03—2007.06)	0.47m	0.43m
一期港池年平均淤积厚度	0.76m/年	0.66m/年
二期港池年平均淤积厚度	1.76m/年	1.85m/年

3.3 厦门河口湾海沧顺岸港池航道淤积计算

海沧港区位于厦门河口湾北岸,属于典型的顺岸港池航道。为了解现状下海沧顺岸港池航道的正常年淤积和分布情况,根据上述河口湾水沙条件,采用本章第2节得出的顺岸港池淤积计算公式,对厦门河口湾北岸的海沧顺岸港池航道进行年淤积计算。依据厦门河口湾水域以往6次大规模水文全潮资料进行分析,该公式所涉及的几个主要参数选取如下:

(1)系数 α 取0.45。
(2)泥沙沉降速度 ω_s 取絮凝沉速 $0.0005 m/s$。
(3)淤积土干密度 ρ_c 取 $720 kg/m^3$。
(4)初始含沙量 S_0 根据2000年、2008年、2009年厦门河口湾实测含沙量资料,利用《海港水文规范》(JTJ 213—98)公式考虑河口湾区潮流、风、波浪等水动力要素计算得出南、中、北港区、海门岛—鸡屿区、湾口区三段的年平均含沙量分别为 $0.36kg/m^3$、$0.20kg/m^3$、$0.08kg/m^3$，见表3-4。

实测含沙量统计及年均含沙量计算结果　　　　表3-4

测量日期	潮型	潮差频率	九龙江径流量 (m^3/s)	各区平均含沙量(kg/m^3)		
				南、中、北港区	海门岛—鸡屿区	湾口区
2008.9	大潮	10%	196	0.30	0.21	0.06
2008.9	小潮	78%	351	0.11	0.06	0.02
2009.6	大潮	40%	177	0.17	0.07	0.04
2000.7	大潮	26%	1450	0.28	0.14	0.05
2000.7	小潮	70%	425	0.10	0.06	0.03
2000.11	大潮	2%	267	0.31	0.21	0.12
平均值		38%	478	0.21	0.13	0.05
年均含沙量计算值(kg/m^3)				0.36	0.20	0.08

(5)根据各次水文全潮资料对潮段平均流速和潮段平均含沙量进行统计拟合(图3-8)，由此根据现场资料确定顺岸港池淤积计算公式中的挟沙力经验参数 m 为 0.65。

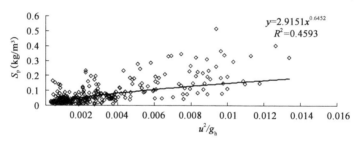

图3-8　厦门河口湾含沙量拟合关系

(6)根据实测水深，北港水域、海门岛—鸡屿水域、湾口水域三段边滩原始水深分别取为 $-2m$、$-4m$、$-6m$，港池水深均开挖到 $-15.5m$。

(7)港池航道长约8500m、宽约700m，长宽比为12.1。根据计算，落淤综合指数 β 取 0.27。

将上述参数代入式(3-7)中计算，得出厦门河口湾北岸海沧顺岸港池航道在北港水域、海门岛—鸡屿水域、湾口水域三段的年均淤积强度分别为 1.51m/年、0.60m/年、0.22m/年，全港平均年均淤积强度为0.78m/年，计算参数和结果见表3-5。

厦门河口湾北岸海沧顺岸港池航道年均淤积强度计算值　　　　表3-5

海沧顺岸港池区段	α	ω_s	S_0	ρ_c	h_0	h_2	β	年均淤积强度(m/年)
北港—海门岛段	0.45	0.0005	0.36	720	2.0	15.5	0.27	1.51
海门岛—鸡屿段	0.45	0.0005	0.20	720	4.0	15.5	0.27	0.60
鸡屿—湾口段	0.45	0.0005	0.08	720	6.0	15.5	0.27	0.22
全港平均值								0.78

根据2013年海沧航道每月测图的回淤量统计结果，海沧 E′~7 号泊位段航道年均淤强为0.33m/年、8~19号泊位段航道年均淤积强度为1.48m/年，折算全港航道年均淤强为

0.90m/年。从淤积分布看,本书公式计算值与实测值具有较好的一致性,即都反映出海沧顺岸港池航道淤积自湾口向湾顶区逐渐增大的特点。从量级上,本书公式计算的淤积强度平均值比实测值有所偏小,这主要是因为2013年间发生了4次洪水过程,比正常年份要多,使航道回淤加大。

另外,这里根据海沧顺岸港池一期工程的参数反演短港池的淤积情况,其中港池长(3400m)、宽(700m)比为0.81,开挖底高程为-11.5m,其他参数不变。利用本书顺岸港池淤积公式计算后得海沧顺岸港池一期工程航道的年均淤积强度为0.40m/年,这与该段资料统计的0.4m/年左右的年均淤积强度是吻合的。

由上述计算结果可知,本书顺岸式港池淤积计算公式总体反映了厦门河口湾海沧港区的淤积分布及淤积量级。计算结果一方面表明,一期工程与现状淤积相比,一期工程长宽比较小,淤积相对较大,而现状长宽比增大后,使水流更为通畅和增强,对于鸡屿到湾口段港池水深维护是有利的。图3-9给出了顺岸港池相对淤积强度、长宽比与落淤综合指数 β 的关系,可以得出港池淤积随长宽比增大而减小的规律。但需要指出的是,该关系并非线性关系,而且长宽比一般需要小于18的上限。

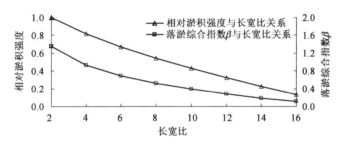

图3-9 顺岸港池相对淤积强度、长宽比与落淤综合指数 β 的关系

另一方面,计算结果和实测资料也表明,由于海沧顺岸港池不断向西侧湾顶浅水区延伸,使开挖水深与滩面水深之比不断加大,而且湾顶水域的含沙量也相对较大,这使得港区淤积呈现湾顶大并向湾口逐渐减小的趋势。

3.4 本章小结

本章通过研究顺岸港池的水流特点,表明顺岸港池内存在水流归槽现象。港池内流速大小与顺岸港池的长宽比有关,当港池长宽比达到一定比例后,港内流速总体上较天然状态增大,且流速增大趋势随长宽比增大而逐渐趋缓。

在以往研究中流速和水深关系常取不同值,通过顺岸港池水流特性的研究,对二者间指数的选取方法进行了探讨,给出了计算条件下该指数的计算公式。

在上述水流规律研究基础上,提出了顺岸港池泥沙淤积计算公式,给出了相关参数的确定方法,并与洋山港顺岸港池不同时段的淤积实测资料进行了验证,表明所建立的淤积计算公式能够较准确地预报顺岸港池的淤积情况。通过对九龙河口湾顺岸港池的计算得出了港池淤积分布特征,并分析了港池淤积规律,认为,随着港池向西不断延伸及长宽比增大,原有港池的淤积有所减小,延伸段则由于浅水深用及高含沙影响淤积较大。

第4章 河口湾水沙运动数值模拟及沉速公式改进

河口湾的水动力条件具有多样性和复杂性,不仅有径流和潮汐的双重影响,以及由此而产生的盐淡水掺混现象,在台风影响频繁区域还有台风暴潮及风浪的作用。这些复杂的动力条件对河口湾泥沙运动产生了重要影响,因此为了研究不同动力条件下河口湾的泥沙运动,需要建立一套能够合理描述水沙运动的数学模型,本章将对构成该模型的各组成部分进行介绍。另外,本章还将研究河口湾含沙量、盐度及水体紊动对黏性细颗粒泥沙沉速的影响,提出影响因素的计算公式,从而改进三维泥沙数学模型。

4.1 数学模型的构成与计算流程

根据河口湾区的水动力泥沙特点,本章建立的复杂动力环境中河口湾水动力泥沙数学模型主要由台风场模型、波浪场模型、三维水动力模型和三维泥沙数学模型4个部分组成(图4-1)。在需要考虑台风的情况下,首先通过台风场模拟为波浪模型和三维水动力模型提供风场数据,并计算出风浪场和风暴潮流场,在大潮差海域考虑到波浪对变化水深海床泥沙的作用,对波浪结果与潮流结果进行耦合计算,并为泥沙运动模型提供所需的动力条件,最终通过泥沙淤积模型计算出台风影响下的泥沙运动及冲淤情况。在正常水文及洪水条件下,主要通过水动力模型计算流场,并为泥沙模型提供动力条件,以此计算泥沙运动及海床冲淤。上述水动力模型在计算过程中均考虑河口湾水域盐淡水对水流的影响。以下对各组成模型的计算模式和方法进行介绍。

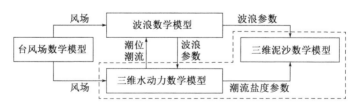

图4-1 河口湾水动力泥沙数学模型的构成及计算流程

4.2 台风数值模拟

研究台风海面气压场和风场的模型对于风暴潮的模拟非常重要。目前对于台风的模拟主要有两种方法,一种是基于中尺度大气模型(如MM5、WRF等模型)的模拟,另一种是基于经验模式的模拟。本章主要针对台风路径已知条件下风场和气压场对河口湾的作用进行研究,因此主要采用台风经验模式对气压场和风场进行模拟。

4.2.1 台风气压场模拟

藤田、Myers、Jelesnianski 等先后开展了台风气压场模型的研究,并提出了计算公式,近年来得到了广泛的应用和研究。王喜年等通过无因次的比较分析后认为在 $0 \leqslant r \leqslant 2R$($R$ 为最大风速半径)范围内,藤田公式能较好地反映台风的气压变化,在 $2R \leqslant r < \infty$ 的范围内高桥公式具有较好的代表性,该模型的计算公式如下:

$$P(r) = P_\infty - \frac{P_\infty - P_o}{\sqrt{1 + 2(r/R)^2}} \quad 0 \leqslant r \leqslant 2R \tag{4-1}$$

$$P(r) = P_\infty - \frac{P_\infty - P_o}{1 + r/R} \quad 2R \leqslant r < \infty \tag{4-2}$$

式中,$P(r)$ 为距台风中心 r 距离处的气压;P_∞ 为台风外围气压;P_o 为台风中心气压;R 为最大风速半径。

4.2.2 台风风场模拟

台风风场可以由两部分叠加而成,第一部分为台风气旋内部风场,其风矢量穿过等压线指向左方,流入角为 θ,风速与气压梯度成比例,可由梯度风公式进行计算;第二部分是整个台风作为一个系统在大气圈中运动,也会产生一个移行风场,称为环境风场,它与台风的移动速度 V_d 有关。即台风风场可以表示为 $\vec{V} = \vec{V}_E + \vec{V}_S$,$\vec{V}_E$ 代表环境风场,$\vec{V}_S$ 代表台风内部风场。

在内部风场求解中,对于上述常用的模型气压场,可以采用梯度风公式计算得到相应的风场分布,所得梯度风场能较好地描述台风眼区情况。梯度风公式为:

$$V_S = -\frac{1}{2}f + \left[\left(\frac{1}{2}f\right)^2 + \frac{r}{\rho}\frac{\partial P}{\partial r}\right]^{\frac{1}{2}} \tag{4-3}$$

在环境风场的计算中,常用的公式为 Miyazaki 公式和 Ueno 公式,分别表示如下:

$$\vec{V}_E = V_{dx}\exp(-\pi r/r_e)\vec{i} + V_{dy}\exp(-\pi r/r_e)\vec{j} \tag{4-4}$$

$$\vec{V}_E = V_{dx}\exp\left(-\frac{\pi}{4}\frac{|r-R|}{R}\right)\vec{i} + V_{dy}\exp\left(-\frac{\pi}{4}\frac{|r-R|}{R}\right)\vec{j} \tag{4-5}$$

式中,V_{dx}、V_{dy} 为台风移行速度在 x、y 方向的分量;r_e 为衰减系数;f 为科氏力参数;R 为最大风速半径。两者在风速衰减速率的表示方法比较类似,但区别在于后者采用最大风速半径,而前者直接给出经验衰减系数。

由上面梯度风公式及 Ueno 公式,可以得出藤田-高桥公式下的台风气压场及风场分布如下:

$$P(r) = P_\infty - \frac{P_\infty - P_o}{\sqrt{1 + 2(r/R)^2}} \quad 0 \leqslant r \leqslant 2R \tag{4-6}$$

$$P(r) = P_\infty - \frac{P_\infty - P_o}{1 + r/R} \quad 2R \leqslant r < \infty \tag{4-7}$$

当 $0 \leqslant r \leqslant 2R$ 时:

$$V_x = C_1 V_{dx} \exp\left(-\frac{\pi}{4} \cdot \frac{|r-R|}{R}\right) - C_2 \left\{-\frac{f}{2} + \sqrt{\frac{f^2}{4} + \frac{2\Delta P}{\rho_a R^2}\left[1 + 2\left(\frac{r}{R}\right)^2\right]^{-\frac{3}{2}}}\right\} \cdot$$
$$[(x-x_0)\sin\theta + (y-y_0)\cos\theta] \tag{4-8}$$

$$V_y = C_1 V_{dy} \exp\left(-\frac{\pi}{4} \cdot \frac{|r-R|}{R}\right) + C_2 \left\{-\frac{f}{2} + \sqrt{\frac{f^2}{4} + \frac{2\Delta P}{\rho_a R^2}\left[1 + 2\left(\frac{r}{R}\right)^2\right]^{-\frac{3}{2}}}\right\} \cdot$$
$$[(x-x_0)\cos\theta - (y-y_0)\sin\theta] \tag{4-9}$$

当 $2R \leqslant r < \infty$ 时:

$$V_x = C_1 V_{dx} \exp\left(-\frac{\pi}{4} \cdot \frac{|r-R|}{R}\right) - C_2 \left\{-\frac{f}{2} + \sqrt{\frac{f^2}{4} + \frac{\Delta P}{\rho_a R^2}\left[1 + \frac{r}{R}\right]^{-2}}\right\} \cdot$$
$$[(x-x_0)\sin\theta + (y-y_0)\cos\theta] \tag{4-10}$$

$$V_y = C_1 V_{dy} \exp\left(-\frac{\pi}{4} \cdot \frac{|r-R|}{R}\right) + C_2 \left\{-\frac{f}{2} + \sqrt{\frac{f^2}{4} + \frac{\Delta P}{\rho_a Rr}\left[1 + \frac{r}{R}\right]^{-2}}\right\} \cdot$$
$$[(x-x_0)\cos\theta - (y-y_0)\sin\theta] \tag{4-11}$$

上述式中,C_1、C_2 为经验常数,分别取 1.0 和 0.8,θ 为流入角(取 20°);ρ_a 为空气密度;f 为科氏力参数;$\Delta p = p_\infty - p_0$ 为台风中心气压梯度。

台风模拟中,最大风速半径 R 的选取是计算台风场的关键,本章采用如下经验公式进行计算,并根据实测数据进行验证和调整:

$$R = 28.52\tanh[0.0873(\phi - 28)] + 12.22/\exp[(1013.2 - p_0)/33.86] + 0.2V_c + 37.22 \tag{4-12}$$

式中,ϕ 为台风中心所在纬度;p_0 为台风中心气压;V_c 为台风中心移速。

以往大量研究表明,藤田-高桥公式对于描述台风的气压分布具有较好的代表性。本章模型中采用该公式,分别对气压场和风场进行模拟计算,为波浪模型提供风场数据。在计算过程中,采用多站实测风资料对模型进行验证和参数修正,保证计算精度。

4.3 波浪数值模拟

波浪是海岸河口泥沙运动的重要动力因素,对波浪的研究由来已久,波浪场的数值模拟研究经历了由规则波到不规则波,由线性波到非线性波的发展过程,各种模型也在不断发展。比较成熟的波浪模型理论主要分三种,并形成了基于这些理论的代表性模型:缓坡方程(MIKE21 PMS、CGWAVE 模型)、Boussinesq 方程(MIKE21 BW)、波作用谱平衡方程(SWAN、MIKE21 SW 和 NSW)。其中缓坡方程模型与 Boussinesq 方程模型数值模拟主要应用于大范围和小范围波浪模拟,对风浪模拟较为欠缺。而波作用谱方程则在风浪模拟方面具有较大优势,能够较好地实现台风浪过程模拟以及与风暴潮的耦合作用。

波作用谱平衡方程的研究起始于 20 世纪 80 年代后期,Ris 和 Holthuijsen、Booij 等总结了历年来波浪能量输入、损耗及转换的研究成果,提出并发展了适用于海岸、湖泊及河口地区的第三代浅水波浪数值预报模型 SWAN,全面合理地考虑了波浪浅化、折射、底摩擦、破碎、白浪、风能输入、波浪非线性效应及波浪的绕射,模型的求解采用有限差分法。SWAN 模型已成为近年来应用较广泛、较为成熟的模型。该模型适用于深水、过渡水深和浅水情形;模型包括能量输入、损耗和非线性相互作用机理,源项的处理应用当今海浪研究最新成果,尤其在非线性项中加入三相波相互作用项,能合理模拟近岸波浪传播的周期变化;将随机波浪以不规定谱型的方向谱表示,更接近真实海浪。SWAN 模型能够较为合理地模拟台风影响下的风浪演化过程,能够更好地应用于泥沙运动模拟,适用于台风浪影响下的河口湾及近海区风浪模拟。

4.3.1 SWAN 模型控制方程

第三代波浪数值模型 SWAN 以二维波作用谱密度表示随机波,在直角坐标系中,波作用谱平衡方程可表示为:

$$\frac{\partial}{\partial t}N + \frac{\partial}{\partial x}C_x N + \frac{\partial}{\partial y}C_y N + \frac{\partial}{\partial \sigma}C_\sigma N + \frac{\partial}{\partial \theta}C_\theta N = \frac{S}{\sigma} \qquad (4-13)$$

式中,$N(\sigma,\theta)$ 为波作用谱密度,是能谱密度 $E(\sigma,\theta)$ 与相对频率 σ 之比;σ 为波浪的相对频率(在随水流运动的坐标系中观测到的频率);θ 为波向(各谱分量中垂直于波峰线的方向);C_x、C_y 为 x、y 方向的波浪传播速度;C_σ、C_θ 为 σ、θ 空间的波浪传播速度。

式(4-13)左端第一项表示波作用谱密度随时间的变化率,第二项和第三项分别表示波作用谱密度在地理坐标空间中传播时的变化,第四项表示由于水深变化和潮流引起的动谱密度在相对频率 σ 空间的变化,第五项表示波作用谱密度在谱分布方向 θ 空间的传播(即由水深变化和潮流引起的折射)。式(4-13)右端 $S(\sigma,\theta)$ 是以波作用谱密度表示的源项,包括风能输入、波与波之间的非线性相互作用和由于底摩擦、白浪、水深变浅引起的波浪破碎等导致的能量耗散,并假设各项可以线性叠加。式(4-13)中的传播速度均采用线性波理论计算,即:

$$C_x = \frac{\mathrm{d}x}{\mathrm{d}t} = \frac{1}{2}\left[1 + \frac{2kd}{\sinh(2kd)}\right]\frac{\sigma k_x}{k^2} + U_x \qquad (4-14)$$

$$C_y = \frac{\mathrm{d}y}{\mathrm{d}t} = \frac{1}{2}\left[1 + \frac{2kd}{\sinh(2kd)}\right]\frac{\sigma k_y}{k^2} + U_y \qquad (4-15)$$

$$C_\sigma = \frac{\mathrm{d}\sigma}{\mathrm{d}t} = \frac{\partial \sigma}{\partial d}\left[\frac{\partial d}{\partial t} + \vec{U} \cdot \nabla d\right] - C_g \vec{k} \cdot \frac{\partial \vec{U}}{\partial s} \qquad (4-16)$$

$$C_\theta = \frac{\mathrm{d}\theta}{\mathrm{d}t} = \frac{1}{k}\left[\frac{\partial \sigma}{\partial d}\frac{\partial d}{\partial m} + \vec{k} \cdot \frac{\partial \vec{U}}{\partial m}\right] \qquad (4-17)$$

式中,$\vec{k} = (k_x, k_y)$ 为波数;d 为水深;$\vec{U} = (U_x, U_y)$ 为流速;s 为沿 θ 方向的空间坐标;m 为垂直于 s 的坐标;算子 $\mathrm{d}/\mathrm{d}t$ 定义为:

$$\frac{\mathrm{d}}{\mathrm{d}t} = \frac{\partial}{\partial t} + \vec{C} \cdot \nabla_{x,y} \qquad (4-18)$$

波作用谱平衡方程右端的源项 $S(\sigma,\theta)$ 表示了能量在谱中的输入与输出以及在谱内部的输移等物理过程,控制着波谱的演化,是该方程中最重要的部分。

4.3.2 模型的数值算法

SWAN 模型采用了全隐式有限差分格式,无条件稳定,即使在很浅水域,也可以采取较大的时间步长。可以得到大风过程中风浪从生成、成长直至大风过后衰减的全过程,因而可以充分反映风浪过程中波浪力对泥沙的作用。

波作用谱平衡方程进行离散后的差分方程可表示为：

$$\left|\frac{N^{i_t,n}-N^{i_t,n-1}}{\Delta t}\right|_{i_x,i_y,i_\sigma,i_\theta} + \left|\frac{[C_xN]_{i_x}-[C_xN]_{i_x-1}}{\Delta x}\right|^{i_t,n}_{i_y,i_\sigma,i_\theta} + \left|\frac{[C_yN]_{i_y}-[C_yN]_{i_y-1}}{\Delta y}\right|^{i_t,n}_{i_x,i_\sigma,i_\theta} +$$

$$\left|\frac{(1-\nu)[C_\sigma N]_{i_\sigma+1}+2\nu[C_\sigma N]_{i_\sigma}-(1+\nu)[C_\sigma N]_{i_\sigma-1}}{2\Delta\sigma}\right|^{i_t,n}_{i_x,i_y,i_\theta} +$$

$$\left|\frac{(1-\eta)[C_\theta N]_{i_\theta+1}+2\eta[C_\theta N]_{i_\theta}-(1+\eta)[C_\theta N]_{i_\theta-1}}{2\Delta\theta}\right|^{i_t,n}_{i_x,i_y,i_\sigma} = \left|\frac{s}{\sigma}\right|^{i_t,n*}_{i_x,i_y,i_\sigma,i_\theta} \quad (4-19)$$

式中，i_t 为时间层标号；i_x、i_y、i_σ、i_θ 为 x、y、σ 和 θ 方向相应网格标号；Δt、Δx、Δy、$\Delta \sigma$、$\Delta \theta$ 分别为时间步长、地理空间 x、y 方向步长、谱空间相对频率 σ 和方向分布 θ 的步长；n 为每时间层迭代次数。

方程右边源项中的 n^* 为 n 或 $n-1$；$\eta \in [0,1]$，$\nu \in [0,1]$，系数 ν 和 η 的取值大小决定了谱空间的差分格式是偏于迎风格式还是偏于中心格式，因此决定了在谱空间和方向空间的数值离散程度和收敛性强弱。当 $\nu=0$ 或 $\eta=0$ 时为中心差分格式，数值离散趋于 0，计算准确度最高；当 $\nu=1$ 或 $\eta=1$ 时为迎风差分格式，数值离散程度最大，但收敛性最好。

4.3.3 模型源项及边界处理

风能输入可以分为线性增长项和指数增长项两部分。底摩擦项分别由拖曳理论、涡黏理论和 JONSWAP 实验得到底摩擦模型，由波浪的发展状态、波浪类型来选择相应的模型。波浪在向浅水区域行进时，由于水深变浅导致破碎，破碎标准采用随机波最大破碎波高 H_m 与水深 d 满足 $H_m = \gamma d$，其中 γ 为临界破波指标。白浪耗散根据脉动平均模型进行处理。在随机波组成波之间，因不同频率间非线性相互作用而发生能量交换，三相波相互作用引起的能量交换采用 Ris 等的研究成果；四相波采用 Hasselmann 的离散迭代近似法 DIA。

计算域边界可以是陆地边界或水域边界。陆地边界不产生波浪，认为能将入射波吸收而不产生波浪反射；对于水域边界而言，迎浪面边界条件一般可根据现场观测得到或通过波浪模型数值模拟得到，通常现场观测能得到个别点的波浪数据，而由其他大尺度波浪数值模型能得到粗网格边界波浪数据，则在可以接受的误差范围内，计算结果的精度可以保证。

4.4 三维水动力数值模拟

EFDC 模型全称为环境流体动力学模型（The Environmental Fluid Dynamics Code），是在美国国家环保署资助下由弗吉尼亚海洋研究所（Virginia Institute of Marine Science at the College of William and Mary）的 John Hamrick 等根据多个数学模型集成开发研制的用 Fortran77 编制的综合模型。它主要包括水动力、水质和泥沙模块，可以模拟水系统一维、二维和三维流场、沉积物的作用、水体营养化过程、物质输运（包括温、盐、黏性和非黏性泥沙）等。模型的计算过程具有通用性，可以通过选择不同的初始化文件和时间序列输入文件进行不同模块的模拟。为了方便该模型的使用，目前还开发了可视化界面 EFDC-View 和 EFDC-Explorer，可以方便地进行前后处理。前处理界面可以生成计算网格、地形、各种时间序列等输入文件，可设置水工建筑物等;后处理界面可以直观显示任意网格点或者整个计算区域的计算结果。

EFDC模型水平方向采用矩形网格或四边形正交曲线网格,垂直方向采用σ坐标变换,可以较好地拟合固定岸边界和底部地形。在水动力计算方面,动力学方程采用有限差分法求解,水平方向采用交错网格离散,时间积分采用二阶精度的有限差分法。求解过程采用内外模式分裂技术,即采用自由表面重力波或正压力的外模块和剪切应力或斜压力的内模块分开计算。外模块采用半隐式计算方法,允许较大的时间步长,内模块采用考虑垂直扩散的隐式格式。在潮间带区域采用干湿网格技术处理涨落潮过程海滩的干出或淹没。

4.4.1 水动力模型基本控制方程

EFDC动力学方程是基于三维水动力学方程组,在水平方向上采用曲线正交坐标变换,在垂直方向上采用σ坐标变换得到的。

σ坐标变换法是将自由表面和不规则海底变成了σ坐标中的表层和底层坐标平面,"水深"为1,这不仅使整个计算水域垂向具有相同的网格数而且可随意分层,从而保证了浅水部分有了更高的垂向分辨率,而且从数值方法上讲,σ坐标系中方程的离散求解要容易得多。EFDC垂向采用σ坐标,将任意点所在位置水深设为1,底部坐标设为0,自由表面处坐标为1,在底部和自由表面间各点垂向坐标线性变化。坐标转换公式为:

$$z = \frac{z^* + h}{\zeta + h} \quad (4\text{-}20)$$

式中,上标*表示原始物理垂向坐标。σ坐标可以很好地拟合床面地形和自由表面。经过σ坐标变换后沿垂直方向z的速度w与坐标变换前的垂向速度w^*的关系为:

$$w = w^* - z\left(\frac{\partial \zeta}{\partial t} + u\frac{1}{m_x}\frac{\partial \zeta}{\partial x} + v\frac{1}{m_y}\frac{\partial \zeta}{\partial y}\right) + (1-z)\left(u\frac{1}{m_x}\frac{\partial h}{\partial x} + v\frac{1}{m_y}\frac{\partial h}{\partial y}\right) \quad (4\text{-}21)$$

式中,h为平均水深;ζ为自由水面波动;m_x、m_y为水平坐标变换尺度因子。

令$m = m_x m_y$,变换后的动量方程为:

$$\frac{\partial(mHu)}{\partial t} + \frac{\partial(m_y Huu)}{\partial x} + \frac{\partial(m_x Hvu)}{\partial y} + \frac{\partial(mwu)}{\partial z} - \left(mf + v\frac{\partial m_y}{\partial x} - u\frac{\partial m_x}{\partial y}\right)Hv$$

$$= -m_y H\frac{\partial(g\zeta + p)}{\partial x} - m_y\left(\frac{\partial h}{\partial x} - z\frac{\partial H}{\partial x}\right)\frac{\partial p}{\partial z} + \frac{\partial}{\partial z}\left(m\frac{1}{H}A_V\frac{\partial u}{\partial z}\right) + Q_u \quad (4\text{-}22)$$

$$\frac{\partial(mHv)}{\partial t} + \frac{\partial(m_y Huv)}{\partial x} + \frac{\partial(m_x Hvv)}{\partial y} + \frac{\partial(mwv)}{\partial z} + \left(mf + v\frac{\partial m_y}{\partial x} - u\frac{\partial m_x}{\partial y}\right)Hu$$

$$= -m_x H\frac{\partial(g\zeta + p)}{\partial y} - m_x\left(\frac{\partial h}{\partial y} - z\frac{\partial H}{\partial y}\right)\frac{\partial p}{\partial z} + \frac{\partial}{\partial z}\left(m\frac{1}{H}A_V\frac{\partial v}{\partial z}\right) + Q_v \quad (4\text{-}23)$$

$$\frac{\partial p}{\partial z} = -gH\frac{\rho - \rho_0}{\rho_0} = -gHb \quad (4\text{-}24)$$

连续性方程为:

$$\frac{\partial(m\zeta)}{\partial t} + \frac{\partial(m_y Hu)}{\partial x} + \frac{\partial(m_x Hv)}{\partial y} + \frac{\partial(mw)}{\partial z} = Q_H \quad (4\text{-}25)$$

将上式沿水深积分可以得到外模式连续方程:

$$\frac{\partial(m\zeta)}{\partial t} + \frac{\partial\left(m_y H \int_0^1 u\,\mathrm{d}z\right)}{\partial x} + \frac{\partial\left(m_x H \int_0^1 v\,\mathrm{d}z\right)}{\partial y} = \overline{Q}_H \tag{4-26}$$

由式(4-25)减去式(4-26)即可得到内模式的连续方程:

$$\frac{\partial(m\zeta)}{\partial t} + \frac{\partial\left[m_y H\left(u - \int_0^1 u\,\mathrm{d}z\right)\right]}{\partial x} + \frac{\partial\left[m_x H\left(v - \int_0^1 v\,\mathrm{d}z\right)\right]}{\partial y} = Q_H - \overline{Q}_H \tag{4-27}$$

密度为气压、盐度和温度的函数,采用 UNESCO 状态方程来求解,在考虑泥沙输运模式时,密度还与含沙量有关,即:

$$\rho = \rho(p, S, T) \tag{4-28}$$

盐度和温度输运方程为:

$$\frac{\partial(mHS)}{\partial t} + \frac{\partial(m_y HuS)}{\partial x} + \frac{\partial(m_x HvS)}{\partial y} + \frac{\partial(mwS)}{\partial z} = \frac{\partial}{\partial z}\left(m\frac{1}{H}A_b\frac{\partial S}{\partial z}\right) + Q_S \tag{4-29}$$

$$\frac{\partial(mHT)}{\partial t} + \frac{\partial(m_y HuT)}{\partial x} + \frac{\partial(m_x HvT)}{\partial y} + \frac{\partial(mwT)}{\partial z} = \frac{\partial}{\partial z}\left(m\frac{1}{H}A_b\frac{\partial T}{\partial z}\right) + Q_T \tag{4-30}$$

式(4-22)~式(4-30)中,Q_u、Q_v 表示动量源汇项;Q_H 表示体积源汇项,包括在动量方程中可以忽略的通量,如边界出流和入流、降雨、蒸发和渗流等,当考虑泥沙输运模式时,也包括泥沙通量;A_b 为垂向紊动扩散系数,通过紊流闭合模型求解。

4.4.2 紊流闭合模型

在方程组(4-22)~式(4-30)的求解过程中,需要知道涡黏系数 A_v 和扩散系数 A_b,模型相关参数由下式确定:

$$A_v = \phi_v q l = 0.4(1 + 36R_q)^{-1}(1 + 6R_q)^{-1}(1 + 8R_q) q l \tag{4-31}$$

$$K_v = \phi_b q l = 0.5(1 + 36R_q)^{-1} q l \tag{4-32}$$

$$R_q = \frac{gH\partial_z b}{q^2} \frac{l^2}{H^2} \tag{4-33}$$

式中,q 为紊动强度;l 为紊动长度;R_q 为 Richardson 数;ϕ_v、ϕ_b 为稳定函数以分别确定稳定和非稳定垂向密度分层环境的垂直混合或输运的增减。紊动强度和混合长度由紊流闭合方程确定。

EFDC 模型采用 Mellor-Yamada(MY)紊流闭合模型,通过紊流动能和混合长方程组从数学上求出紊动涡黏系数,使流速的垂向分布更符合实际。根据对紊动动能和混合长方程组中各项的取舍,MY 紊流闭合模型可分为多种阶数的模型。EFDC 采用 MY-2.5 阶模式,考虑了紊动动能和混合长的局部变化率、紊流能量的水平和垂直输送以及紊流能量的垂直扩散。其方程如下:

$$\frac{\partial(mHq^2)}{\partial t} + \frac{\partial(m_y Huq^2)}{\partial x} + \frac{\partial(m_x Hvq^2)}{\partial y} + \frac{\partial(mwq^2)}{\partial z} = \frac{\partial}{\partial z}\left(m\frac{1}{H}A_q\frac{\partial q^2}{\partial z}\right) + Q_q +$$
$$2m\frac{1}{H}A_v\left[\left(\frac{\partial u}{\partial z}\right)^2 + \left(\frac{\partial v}{\partial z}\right)^2\right] + 2mgA_b\frac{\partial b}{\partial z} - 2mH\frac{1}{B_1 l}q^3 \tag{4-34}$$

$$\frac{\partial(mHq^2l)}{\partial t} + \frac{\partial(m_y Huq^2l)}{\partial x} + \frac{\partial(m_x Hvq^2l)}{\partial y} + \frac{\partial(mwq^2l)}{\partial z} = \frac{\partial}{\partial z}\left(m\frac{1}{H}A_q \frac{\partial q^2l}{\partial z}\right) + Q_l +$$

$$m\frac{1}{H}E_1 A_v \left[\left(\frac{\partial u}{\partial z}\right)^2 + \left(\frac{\partial v}{\partial z}\right)^2\right] + mgE_1 E_3 lA_b \frac{\partial b}{\partial z} - mH\frac{1}{B_1}q^3\left[1 + E_2 \frac{1}{(KL)^2 l^2}\right] \quad (4\text{-}35)$$

$$\frac{1}{L} = \frac{1}{H}\left[\frac{1}{z} + \frac{1}{(1-z)}\right] \quad (4\text{-}36)$$

这里 B_1、E_1、E_2、E_3 均为经验常数,分别取 1.8、1.33、0.53、16.6。Q_q、Q_l 为附加的源汇项,例如子网格水平扩散,垂直耗散系数 A_q 一般取与垂向涡黏系数 A_v 相等,式(4-34)和式(4-35)中 $m = m_x m_y$。混合长度随 z 的变化对扩散系数的垂向分布影响很大。

4.4.3 边界条件

4.4.3.1 垂向边界条件

(1) 自由表面边界条件

水动力方程在自由表面应满足的运动学边界条件为:

$$w(x,y,1,t) = 0 \quad (4\text{-}37)$$

应满足的动力学边界条件为:

$$\left.\frac{A_v}{H}\frac{\partial u}{\partial z}\right|_{z=1} = \frac{\tau_{sx}}{\rho} \quad (4\text{-}38)$$

$$\left.\frac{A_v}{H}\frac{\partial u}{\partial z}\right|_{z=1} = \frac{\tau_{sy}}{\rho} \quad (4\text{-}39)$$

式中,τ_{sx}、τ_{sy} 分别为风应力矢量 $\vec{\tau}_s$ 在 x 和 y 方向上的分量。其表达式为:

$$(\tau_{xz}, \tau_{yz}) = (\tau_{sx}, \tau_{sy}) = c_s \sqrt{U_w^2 + V_w^2}(U_w, V_w) \quad (4\text{-}40)$$

式中,c_s 为风应力系数,可表示为:

$$c_s = 0.001 \frac{\rho_a}{\rho_w}(0.8 + 0.065\sqrt{U_w^2 + V_w^2}) \quad (4\text{-}41)$$

(2) 底部边界条件

水动力方程在底部应满足的运动学边界条件为:

$$w(x,y,0,t) = 0 \quad (4\text{-}42)$$

应满足的动力学边界条件为:

$$\left.\frac{A_v}{H}\frac{\partial u}{\partial z}\right|_{z=0} = \frac{\tau_{bx}}{\rho} \quad (4\text{-}43)$$

$$\left.\frac{A_v}{H}\frac{\partial u}{\partial z}\right|_{z=0} = \frac{\tau_{by}}{\rho} \quad (4\text{-}44)$$

式中,τ_{sx}、τ_{sy} 分别为底摩擦应力 $\vec{\tau}_b$ 在 x 和 y 方向上的分量,与近底床或底床的流速分量有关。其表达式为:

$$(\tau_{xz}, \tau_{yz}) = (\tau_{bx}, \tau_{by}) = c_b \sqrt{u_1^2 + v_1^2}(u_1, v_1) \quad (4\text{-}45)$$

式中,u_1、v_1 表示底层流速;c_b 为底部切应力系数,表达式为:

$$c_\mathrm{b} = \left[\frac{\kappa}{\ln(\Delta_1/2z_\mathrm{o})}\right]^2 \tag{4-46}$$

式中,κ 为卡门常数;Δ_1 为底层无量纲厚度;z_o 为无量纲粗糙度。

(3)紊流模型垂向边界条件

在紊流模型中,紊动能量和混合长度的垂向边界条件为:

$$\begin{aligned} q^2 &= B_1^{2/3}|\vec{\tau}_\mathrm{s}|:z=1 \\ q^2 &= B_1^{2/3}|\vec{\tau}_\mathrm{b}|:z=0 \\ l &= 0:z=0,1 \end{aligned} \tag{4-47}$$

其中,绝对值表示矢量的大小。

式(4-45)和式(4-47)只适合于水动力计算,而在考虑底层高浓度含沙量和高频表面重力波情况下,泥沙和波浪对底部切应力影响较大,需要采用另外的表达式。

4.4.3.2 侧边界条件

侧边界条件可分为闭边界与开边界两种。

(1)闭边界条件

岸线或建筑物边界可视为闭边界,即边界不透水,水质点沿切向可自由滑移,则其边界条件可表示为:

$$\frac{\partial u}{\partial \vec{n}} = 0 \tag{4-48}$$

式中,$\vec{n}$ 为侧边界的法向向量。

(2)开边界条件

开边界主要是由于人为将有限区域作为计算范围而引起的。开边界所取的变量值应必须保证区域外界发生的状态能够传入区域内,同时保证内部区域的状态能够传入外界。开边界条件通常通过强加流量或强加自由表面水位获得。

第一类边界通常用于河流边界,第二类则用于海洋边界。EFDC 模型还可以在开边界处设置辐射边界。

(3)动边界条件

动边界指的是闭边界随时间变化的情况。如果在计算区域内有潮间带,一些计算点有可能随着潮汐水位的变化而被淹没或露出来,从而出现干湿网格。EFDC 模型通过干湿网格法很好地对此进行了描述。在存在露滩现象的浅滩,涨潮时滩面被逐渐"淹没",落潮时逐渐"干出"。因此,选择某一标准水深作为干水深,当在某一时刻某一网格点的实际水深小于干水深时,认为该网格点"干出",令该点的流速值为0,潮位值由周围点潮位值插值得到;当网格点水深大于干水深时,则认为改网格点被"淹没",恢复程序计算。每隔一个时间步长都要进行"干出"和"淹没"的判断。

4.5 三维泥沙数学模型

EFDC 中的泥沙模块不仅可以考虑波浪与水流对泥沙的联合作用,还可以通过选择波流辐射应力和波流底摩擦力,将波浪作用对水流的影响引入流场的计算中,以及考虑波生流作用。EFDC 泥沙计算包括悬移质泥沙输移、推移质泥沙输移、床面冲淤和岸滩演变等,而且考虑了悬沙对波、流紊动结构影响,是一个比较完善的泥沙模型。EFDC 可以进行多组分泥沙的三维模拟,能够比较真实地反映泥沙运动规律。此外,由于 EFDC 模型提供源程序,可根据需要对源程序进行修改,以达到合理的模拟效果。

4.5.1 三维悬沙控制方程

本节中主要考虑细颗粒泥沙的运动,其控制方程为:

$$\frac{\partial(m_x m_y HC)}{\partial t} + \frac{\partial(m_y HuC)}{\partial x} + \frac{\partial(m_x HvC)}{\partial y} + \frac{\partial(m_x m_y wC)}{\partial z} - \frac{\partial(m_x m_y \omega C)}{\partial z}$$

$$= \frac{\partial}{\partial x}\left(\frac{m_y}{m_x} HK_H \frac{\partial C}{\partial x}\right) + \frac{\partial}{\partial y}\left(\frac{m_x}{m_y} HK_H \frac{\partial C}{\partial y}\right) + \frac{\partial}{\partial z}\left(m_x m_y \frac{K_V}{H} \frac{\partial C}{\partial z}\right) + Q_s \quad (4-49)$$

式中,K_H、K_V 分别为水平、垂向扩散系数;ω 为泥沙沉降速度;C 为水体含沙量。方程左端表示水平方向和垂向的泥沙对流通量;方程右端前两项表示单位时间内在水平方向和垂直方向上由于紊动扩散产生的泥沙通量;Q_s 为外部的源汇项。

4.5.2 泥沙侵蚀和淤积通量

EFDC 泥沙模型采用下式计算黏性泥沙的泥沙通量:

$$J_s = E_s - D_s \quad (4-50)$$

式中,E_s 为侵蚀通量;D_s 为淤积通量。

对黏性泥沙侵蚀的计算采用了表面侵蚀和大量侵蚀两种模式。当水动力强度超过了阻力、重力以及黏结力时发生表面侵蚀,这种模式下泥沙通常以中颗粒的形式从底床表面逐渐起动和悬扬。当底床表面以下某深度处底床抗剪强度无法抵抗水流产生的剪切力时,发生大量侵蚀,这种情况下泥沙底床会呈较大的块状侵蚀。表面侵蚀是低浓度情况下一种典型的侵蚀模式。高浓度情况时,水流条件通常都比较严格,此时以重力侵蚀为主。

表面侵蚀时,侵蚀通量为:

$$E_{s,\mathrm{sur}} = E_{0,\mathrm{sur}}\left(\frac{\tau - \tau_{ce,\mathrm{sur}}}{\tau_{ce,\mathrm{sur}}}\right) \quad \tau \geqslant \tau_{ce,\mathrm{sur}} \quad (4-51)$$

式中,下标 sur 表示表面侵蚀;τ 为水流剪切力;τ_{ce} 为临界起动切应力;E_0 为底床单位面积上的表面侵蚀率。在 EFDC 泥沙模型中,表面侵蚀的临界剪切力由用户设定。EFDC 中用户可以定义表面侵蚀率的值。

大量侵蚀时,侵蚀通量为:

$$E_{e,\mathrm{mass}} = \frac{m_{me}(\tau_{ce,\mathrm{mass}} \leqslant \tau)}{T_{me}} \quad (4-52)$$

式中,下标 mass 表示大量侵蚀;m_{me} 为对应于抗剪力 $\tau_{ce,\mathrm{mass}}$ 的单位面积上的干燥泥沙质量;T_{me} 为时间尺度,可以令其等于模型数值积分的时间步长。

模型采用下式计算淤积通量:

$$D_s = \begin{cases} -\omega C_d \dfrac{\tau_{cd} - \tau}{\tau_{cd}} & \tau \leq \tau_{ce} \\ 0 & \tau \geq \tau_{ce} \end{cases} \quad (4\text{-}53)$$

$$T_d = \frac{\tau_{cd} - \tau}{\tau_{cd}}$$

式中，τ_{cd} 临界淤积剪切力，与沉积物和絮凝物的理化特性相关，一般通过试验或野外观测确定，模型中 τ_{cd} 是一个输入参数，没有实测值时，为可调参数；C_d 为近底泥沙淤积浓度。

同非黏性泥沙模块中计算一近底泥沙浓度时使用的方法类似，将近底泥沙淤积浓度 C_d 与底层平均浓度或水深平均浓度联系起来。三维模型中：

$$C_d = \left[T_d + (1 - T_d) \frac{z_d}{z} \right]^{-1} \overline{C_s} \quad (4\text{-}54)$$

式中，上划线表示沿底层平均。

4.5.3 波流共同作用下的底部切应力

EFDC 中采用 Style 和 Glenn 提出的切应力公式。首先将底部切应力分解为潮流方向和波浪方向：

$$\tau_{xz} = \tau_{cz}\cos\psi_c + \tau_{wz}\cos\psi_w$$
$$\tau_{yz} = \tau_{cz}\sin\psi_c + \tau_{wz}\sin\psi_w \quad (4\text{-}55)$$

式中，τ_{cz}、τ_{wz} 为潮流、波浪剪应力幅值；ψ_c、ψ_w 分别为流向、波向。假设切应力呈正弦周期变化：

$$u_w = u_{wm}\sin(\omega t)$$
$$\tau_{wz} = \tau_{wzm}\sin(\omega t)$$
$$\psi_w = \psi_{wm}\mathrm{sgn}[\sin(\omega t)] \quad (4\text{-}56)$$

将式(4-55)在波周期内平均化可以得到波流共同作用的切应力，表达式为：

$$\langle \tau_{cz}^2 + \tau_{wz}^2 \rangle = \tau_{cz}^2 + \frac{1}{2}\tau_{wzm}^2 + \frac{4}{\pi}\cos(\psi_c - \psi_{wm})\tau_{cb}\tau_{wzm} \quad (4\text{-}57)$$

式中，τ_{wzm} 为纯波浪作用下的最大切应力。

$$\tau_{wbm} = \frac{1}{2}\rho f_w u_b^2 \quad (4\text{-}58)$$

式中，f_w 为波浪作用下底摩阻系数。

对于层流边界层，摩阻系数为：

$$f_w = \frac{2}{\sqrt{Re}} \quad (4\text{-}59)$$

对于紊流边界层，采用 Swart 公式：

$$f_w = \exp\left[\left(\frac{k_w}{\hat{A}_\delta}\right)^{0.2} \times 5.57 - 6.13\right] \quad (4\text{-}60)$$

式中，$k_w = 30 z_0$，为底部粗糙高度；$\hat{A}_\delta$ 为波浪水质点近底部轨迹振幅：

$$\widehat{A}_\delta = \frac{H}{2\sinh(kh)} \tag{4-61}$$

u_b 表示底部最大轨迹速度,表达式为:

$$u_b = \frac{\pi H}{T}\frac{1}{\sinh(kh)} \tag{4-62}$$

4.5.4 扩散系数

在求解近底层波、流、泥沙边界层方程时,需要确定垂向扩散系数,Styles 和 Glenn 给出了紊流强度和混合长度的表达式:

$$q = q_{wc} = B_1^{\frac{1}{3}}\left[\tau_{cb}^2 + \frac{1}{2}\tau_{wbm}^2 + \frac{4}{\pi}\cos(\psi_c - \psi_{wm})\tau_{cb}\tau_{wbm}\right]^{\frac{1}{4}}, 0 \leq z < \frac{q_{wc}}{q_w}\delta_{wc}$$

$$q = q_c = B_1^{\frac{1}{3}}(\tau_{cb}^2)^{\frac{1}{4}}, z \geq \frac{q_{wc}}{q_w}\delta_{wc} \tag{4-63}$$

其中,τ_{wbm} 由式(4-58)确定。

对于混合长度,Styles 和 Glenn(2000)将其定义为:

$$l = \begin{cases} \kappa z: z_o \leq z < \delta_{wc} \\ \kappa\delta_w: \delta_{wc} \leq z < \frac{q_{wc}}{q_c}\delta_{wc} \\ \kappa z: z \geq \frac{q_{wc}}{q_c}\delta_{wc} \end{cases} \tag{4-64}$$

此混合长度在底部为零,与实际不符。所以 EFDC 模型中设置了底部混合长度的最小值 l_{bmin}。所以在底部,$l = \max(l, l_{bmin})$

将式(4-63)和式(4-64)带入扩散系数表达式(4-32),可得:

$$K_v = \begin{cases} A_o q_{wc}\kappa z: z_o \leq z < \delta_{wc} \\ A_o q_{wc}\kappa\delta_w: \delta_{wc} \leq z < \frac{q_{wc}}{q_c}\delta_{wc} \\ A_o q_c\kappa z: z \geq \frac{q_{wc}}{q_c}\delta_{wc} \end{cases} \tag{4-65}$$

4.5.5 沉降速度

对于黏性泥沙沉速计算,EFDC 模型中给出了以下几种计算絮凝沉降的公式。

(1) Ariathurai 和 Krone 公式,给出了泥沙浓度与沉降速度的关系:

$$\omega = \omega_0\left(\frac{C_s}{C_{s0}}\right)^\alpha \tag{4-66}$$

式中,下标 0 代表参考值;α 为系数。

(2) Hwang 和 Mehta 的公式,基于 Okeechobee 湖 6 个实测站位的实测资料,给出了沉速与浓度的抛物线型关系：

$$\omega = \frac{aC_s^n}{(C_s^2 + b^2)^m} \tag{4-67}$$

式中，a、b、m、n 为系数。

(3) Ziegler 和 Nesbitt 公式，给出了沉速与絮团直径间的关系，絮凝团沉速近似为：

$$\omega = ad_f^b \tag{4-68}$$

式中，d_f 为絮凝团直径，由下式给出：

$$d_f = \left(\frac{\alpha_f}{C_s \sqrt{\tau_{xz}^2 + \tau_{yz}^2}} \right)^{\frac{1}{2}}$$

式中，α_f 为通过试验确定的常数；τ_{xz} 和 τ_{yz} 为水体中给定位置处紊动剪切力分别在 x 和 y 方向上的分量；$a = B_1 (s \sqrt{\tau_{xz}^2 + \tau_{yz}^2})^{-0.85}$，$b = -0.8 - 0.5\ln(s \sqrt{\tau_{xz}^2 + \tau_{yz}^2} - B_2)$，其中，$B_1 = 9.6 \times 10^{-4}$，$B_2 = 7.5 \times 10^{-6}$。

上述黏性细颗粒泥沙沉速计算中主要考虑了泥沙浓度、絮团尺度对沉速的影响，但对于盐度、水体紊动等影响的考虑有所不足，尤其对河口湾水域而言，盐度变化对泥沙沉降有一定影响。本章将在下面专门讨论含沙量、盐度及水体紊动对黏性细颗粒泥沙沉速的影响及计算公式，改进 EFDC 关于黏性泥沙沉速的计算。

4.6 黏性细颗粒泥沙沉速的改进

黏性细颗粒泥沙是河口湾重要的主要物质，其沉降的形成既有化学原因（属于胶体化学性质，主要为电化学性质），又有物理原因（布朗运动、不等速沉降、水流紊动），受到泥沙浓度、水体紊动、盐度、水温、离子浓度、有机质、絮凝强度、水体 pH 值等多种因素影响。在河口湾含沙量及盐度对泥沙沉速具有一定影响，在以往研究成果的基础上，利用近年来国内有关河口及淤泥质海岸黏性细颗粒泥沙的相关试验数据，对黏性泥沙的沉速进行研究，并提出计算公式。

4.6.1 含沙量对沉速的影响

含沙量对黏性细颗粒泥沙沉速的影响较为明显，与粗颗粒不同，当背景泥沙浓度变化时，颗粒的碰撞、絮凝等会显著改变沉降速度。黄建维认为细颗粒泥沙随含沙浓度及沉降状态的不同分为絮凝沉降段、制约沉降段、群体沉速段、固态-密实段四个阶段。关许为认为当盐度一定时，泥沙颗粒的絮凝沉降速度随含沙量的增大而变快；含沙量越大，颗粒的沉降速率受盐度的影响越大。钱宁等发现在含沙量较小时，泥沙的絮凝促进了沉降，随着含沙浓度的增大，絮凝现象进一步发展，形成了连续的空间结构网，使沉速急剧下降。但存在一个临界值，当泥沙浓度大于临界值后，对絮凝的影响变得不明显。对于泥沙沉速的理论和试验研究较多，尤其对含沙量影响的取值空间较大，浓度从每立方米几公斤到每立方米几十公斤不等（图 4-2），这对于泥沙的理论研究是非常必要的。但对于河口湾和淤泥质海岸泥沙环境而言，一般含沙量多在相对较小的量级和变化范围，这些泥沙浓度的变化对沉速的影响则是更为实际工程所关注的。因此，根据以往研究资料，重点分析海岸河口正常泥沙浓度对黏性细颗粒泥沙沉速的影响。

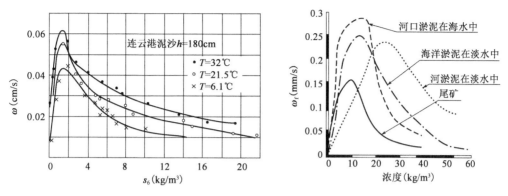

图 4-2 含沙量对沉速的影响研究成果

图 4-3 给出了珠江口和连云港泥样的试验结果,图中显示泥沙沉速随含沙量的增大而增大,但不同泥样试验结果的增大幅度有所差异,有些增加较为平稳,有些增大较为明显,这种变化与泥沙性质、试验条件等都有关系。对于不同的流速条件而言,泥沙沉速与含沙量的变化趋势基本一致。

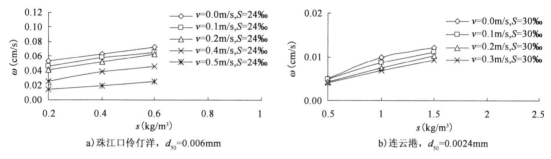

图 4-3 实测沉速与含沙量关系

有关泥沙浓度对沉速的影响,大量学者开展了众多研究,提出各种形式的泥沙沉速公式,并在后续研究中不断修正和改进。根据有关成果,这里选择形式较为简单的公式,利用大量水槽试验成果,研究含沙量对沉速的影响,并根据实测资料对公式进行修正。含沙量对沉速影响的基本形式如下:

$$\frac{\omega}{\omega_0} = 1 + \eta k C_V^n \tag{4-69}$$

式中,ω 为含沙水体沉速;ω_0 为清水沉速,可由 Stokes 公式计算得出;C_V 为体积含沙量;k、η、n 为经验参数。

这里采用式(4-69),结合珠江口、九龙江口及长江口等泥样试验结果研究含沙量对黏性细颗粒泥沙沉速的影响,并对公式进行验证计算。式(4-69)中系数 k 取值 1.24,η 取值范围为 5~15,n 取值 1/5。为了去除水流影响,主要采用静水沉速试验结果。图 4-4 给出了不同泥样静水沉速与含沙量关系试验结果及上述公式计算值的对比情况,由图可知,各泥样的计算结果与实测结果反映的量级和趋势基本一致,体现出含沙量区间内沉速随含沙量增大而增大的变化特点。

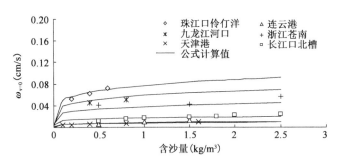

图 4-4　静水沉速随含沙量变化计算值与实测值比较

4.6.2　盐度对沉速的影响

由于海水中含有对泥沙絮凝有利的高价阳离子,因此对于细颗粒泥沙沉降,盐度是一个重要的影响因子。以往研究表明,一定的盐度条件能够使絮凝作用增大,当盐度达到临界值后沉速又会随着盐度的增加而减少(图4-5)。这个临界盐度值称为絮凝特征盐度或最佳絮凝盐度,它受制于粒径、含沙量等多因素的影响。

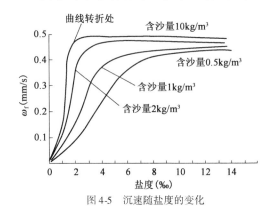

图 4-5　沉速随盐度的变化

时钟通过试验表明这个临界盐度值是10‰;Han等通过研究长江口铜沙浅滩区泥沙沉速得出最佳絮凝盐度为15‰;吴荣荣等通过对钱塘江河口细颗粒泥沙絮凝沉降特性进行研究,得出钱塘江泥沙的最佳絮凝盐度为15‰。关许为等通过试验总结出当盐度<5‰时,沉降速率随盐度的增长而迅速增长;当盐度>5‰时,沉降速度随盐度变化不大,试验确定5‰为特征盐度,并且当含沙量增大时特征盐度会相应增大,即含沙量对絮凝特征盐度有影响;含沙量越大时,盐度对沉速影响越大。黄建维、白玉川分别以连云港、天津港原状沙为样品研究了含盐度、含沙量与沉速的关系,发现在不同的含沙量水平时,最佳絮凝盐度差异较大。不同试验的絮凝特征盐度不同,是因为泥沙采样、温度、含沙浓度等因素的不同导致。

彭润泽等对长江河口泥沙絮凝试验分析,除考虑泥沙浓度、水流紊动、中值粒径外还研究了盐度对泥沙沉速的影响,并提出了沉速计算经验公式。王龙等考虑了泥沙颗粒在水中的多体相互作用,以及颗粒间的 XDLVO 势,分析了盐度、泥沙浓度、Hamaker 常数、水合作用对泥沙絮凝沉降的影响,提出了泥沙絮凝沉降速度。Deft 3D 模型中也有考虑盐度絮凝沉降的公式来体现盐度对黏性悬浮泥沙沉降速度的影响。对沉速中考虑盐度影响的公式形式多样,但目的都是使沉速随盐度的变化更符合实际情况。以下主要结合以往研究,提出拟合公式考虑沉速随盐度的变化影响。

根据试验结果发现,试验条件相同的情况下,泥沙的沉速与其清水沉速、盐度变化有关,趋势与盐度呈现类指数关系,基于这种考虑提出了以下沉速计算公式:

$$\omega = \omega_0 e^{\alpha S^m} \tag{4-70}$$

式中，ω 为含沙水体沉速；ω_0 为清水沉速；S 为盐度；α、m 为经验参数，需要利用相关试验资料进行率定。

利用式(4-70)，结合珠江口及长江口泥样水槽试验资料研究盐度对细颗粒泥沙沉速的影响，并对公式进行验证计算。式中 α 和 m 参数分别取 0.1、0.2。图 4-6 给出了根据相关实验资料与上式拟合值的比较情况。由计算值和实测值看，在盐度小于 5‰时沉速随盐度增大较快，盐度大于 5‰～10‰沉速随盐度增大的幅度变缓并趋于稳定。这种发展过程总体反映了黏性细颗粒泥沙的沉速随盐度的变化趋势。

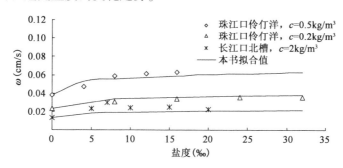

图 4-6 沉速与盐度变化计算值与实测值比较

4.6.3 水流紊动对沉速的影响

以往研究表明，水流紊动对黏性细颗粒泥沙絮凝沉速也有一定影响。紊动可加强颗粒间的碰撞概率，使得絮团增长，从而增强絮凝作用；在紊动达到一定程度后，使得剪切力大于颗粒间的联结力，导致絮团破碎，即对絮凝产生破坏作用。Serra 等通过乳胶颗粒进行了絮凝试验研究，表明在 $G<20\mathrm{s}^{-1}$ 时随着 G 增大，絮团增长；当 $20\mathrm{s}^{-1}<G<30\mathrm{s}^{-1}$ 时，絮团达到最大；当 $G>30\mathrm{s}^{-1}$ 时，絮团开始减小。张幸农根据连云港航道泥样试验研究，认为絮凝形成期存在临界紊动强度，当紊动强度小于临界紊动强度时，紊动能够促进絮凝；当紊动强度大于临界紊动强度时，则破坏絮凝；临界紊动强度在 20～70s^{-1} 之间。

Van Leussen 根据研究建立了沉速与紊动切应力之间的经验关系式，即：

$$\omega = \omega_0 \frac{1+B_1 G}{1+B_2 G^2} \tag{4-71}$$

式中，ω_0 为静水沉速；B_1、B_2 为经验系数，通过试验确定；G 为流速梯度，$G=\sqrt{\varepsilon/\nu}$，ε 为紊动能量耗散率，ν 为动力黏滞系数。

王璐璐根据有关试验对上式中的参数进行了拟合，在不考虑盐度、含沙量只考虑水流紊动时，$B_1=0.15$，$B_2=0.0008$。

4.6.4 考虑多因素影响的综合沉速公式

黏性悬浮泥沙沉降速度受很多因素影响，可以认为是由多种因素组成的综合函数暂时忽略各影响因素之间的相互影响，沉速公式可以表达为：

$$W=f(C,S,G,T,D,OC)W_0=f_1(C)f_2(S)f_3(G)f_4(T)f_5(D)f_6(OC)W_0$$

式中，$f_1(C)$、$f_2(S)$、$f_3(G)$、$f_4(T)$、$f_5(D)$、$f_6(OC)$ 分别为泥沙浓度、盐度、水流紊动、温

度、絮团粒径、有机物对黏性细颗粒悬浮泥沙沉速的影响函数;ω_0 为单颗粒泥沙的静水沉速。

考虑紊动沉速拟合曲线如图 4-7 所示。

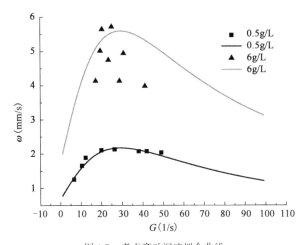

图 4-7　考虑紊动沉速拟合曲线

注:散点为实测数据,实线为公式拟合结果

按照上述思路,这里主要考虑含沙量、盐度及水体紊动对沉速的影响,按照上述各种影响因素的拟合结果,综合考虑式(4-69)~式(4-71),提出以下黏性泥沙沉速计算公式,该公式形式如下:

$$\omega = k_m \omega_0 \cdot (1 + k_n C^n) \cdot e^{\alpha S^m} \cdot \frac{1 + B_1 G}{1 + B_2 G^2} \quad (4-72)$$

式中,ω 为泥沙沉速(cm/s);ω_0 为单颗粒泥沙沉速(cm/s),可采用 Stokes 沉速公式计算得出;C 为水体含沙量(kg/m³);S 为水体含盐度(‰);α、k_n、m、n 为经验参数,分别取 0.1、8.9、0.2、0.2;B_1、B_2 分别取 0.15、0.0008;k_m 为综合影响系数,各地泥沙有所不同,需要利用不同泥样的试验资料进行率定给出。

根据珠江口伶仃洋、厦门河口湾、长江口北槽、连云港、天津港、浙江苍南电厂煤港等河口及淤泥质海岸的水槽试验结果,这些泥样的试验盐度在 20‰~30‰ 之间,含沙量介于 0.1~3.0kg/m³。利用式(4-72)进行计算,图 4-8 给出了沉速计算值与实测值的比较情况。

从上图中的比较结果看,本书建立的沉速计算公式计算得到的沉速与实测值总体具有较好的对应性,但各试验结果中综合影响系数 k_m 取值有所不同,范围在 0.3~2.0 范围变化(表 4-1),对于本书研究的厦门河口湾该值取 0.8 较合适。k_m 在不同泥样试验结果差异表明,沉速除了与上述影响因素有关外,泥沙性质、试验条件及其他因素的影响也是存在的,因此在公式使用中需要通过相关试验资料进行率定。

本书沉速公式中 k_m 的取值　　表 4-1

编号	位　　置	k_m
1	珠江口	2.0
2	厦门河口湾	0.8
3	连云港	1.5

续上表

编号	位　　置	k_m
4	浙江苍南电厂煤港	0.5
5	天津港	0.5
6	长江口北槽	0.3

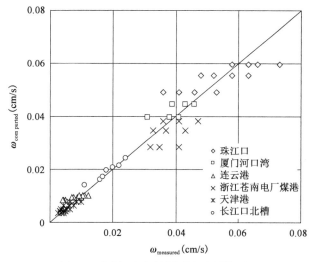

图 4-8　本书沉速公式计算值与实测值比较

为进一步研究本书研究的厦门河口湾黏性泥沙沉降特性,将式(4-72)代入上述率定参数计算厦门河口湾黏性细颗粒泥沙沉速,图 4-9 给出了沉速与含沙量、水体含盐度的联合分布情况。根据实测资料,厦门河口湾含沙量一般在 $0.1\sim3{\rm kg/m}^3$ 范围较多。由图可知,在含沙量范围和含盐度介于 $0\sim30‰$ 计算范围内,黏性细颗粒泥沙沉速在 $0.03\sim0.05{\rm m/s}$ 变化,沉速随含沙量和盐度增大而增大,其中盐度 $5‰\sim10‰$ 段的沉速出现较明显的拐点。由此可见,九龙江洪水期的较高含沙量以及 $10‰$ 以上的盐水区都将使湾内泥沙更易于沉降淤积。

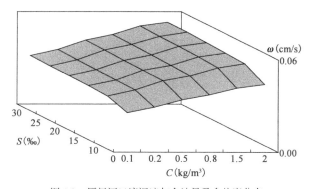

图 4-9　厦门河口湾沉速与含沙量及含盐度分布

4.7　本章小结

本章构建了考虑台风暴潮、波浪、潮汐、潮流、盐淡水掺混等动力作用的水动力泥沙数学模型,并分别介绍了其中的台风风场理论模型、SWAN 风浪模型、EFDC 三维水动力泥沙模型,对模拟系统的计算流程和计算方法进行了阐述。

对黏性细颗粒泥沙沉速的因素进行了分析,根据国内外的已有研究成果,利用河口及淤泥质海岸多组实验结果,开展了含沙量、盐度及水体紊动影响泥沙沉速的研究,改进了泥沙数学模型黏性泥沙沉速的计算公式,为河口湾泥沙运动模拟及港区淤积研究奠定了基础。通过公式计算得出,厦门河口湾黏性细颗粒泥沙沉速在 0.03~0.05m/s 变化,沉速随含沙量和盐度增大而增大,其中盐度 5‰~10‰段的沉速出现较明显的拐点。

第 5 章 三维数学模型验证及盐度与水沙运动的相互作用

本章在厦门河口湾水沙特征分析的基础上,利用上述改进的水动力泥沙模型建立厦门河口湾水沙盐度三维数学模型,并采用实测资料分别对正常水文径流、洪水输沙及强台风动力过程下的水动力、盐度及泥沙运动进行验证计算,为以下研究奠定基础。本章将根据数值模拟结果,重点分析不同水动力条件下厦门河口湾的盐度平面及垂向分布特征,探讨水流与盐度的相互影响,并研究盐度絮凝对含沙量的影响,以及厦门河口湾内盐度与含沙量对沉速的影响过程。

5.1 水沙数学模型的建立与验证

5.1.1 水动力泥沙三维数学模型建立

根据前述厦门河口湾水沙特征可知,其水沙运动受控于径流、洪水、潮汐潮流、台风等多种动力要素。依据现场实测资料,利用本书第 2 章河口湾水沙数值模拟系统,建立大范围和中尺度台风及波浪模型,并建立厦门河口湾海域水动力泥沙三维数学模型,在风、浪、潮方面采用嵌套方法通过大模型为小模型提供边界,水流、盐度、含沙量则直接在河口湾小模型中进行模拟。各模型的范围介绍如下。

(1) 中国海大范围台风场、气压场和波浪场模型

该模型南边界取至台湾岛以南海域,北至辽东湾,东边界至 E132°经线,计算域为 1590km × 2390km,模型采用正四边形网格,空间步长为 5km × 5km。该模型主要用于模拟大范围台风场和台风浪,为中模型提供边界条件。

(2) 台湾及福建海域台风浪及风暴潮模型

该模型范围为 115°E ~ 124°E,21°E ~ 27°N,模型采用正四边形网格,空间步长为 2km × 2km。该模型主要用于进一步计算传入台湾海峡海域内的波浪场,也用于计算风暴潮,均为厦门河口湾海域模型提供边界条件。

(3) 厦门河口湾海域三维水动力泥沙模型

厦门河口湾海域是本章重点模拟区域,该模型不仅需要充分考虑厦门河口湾上游径流影响,还需考虑湾口以外及厦门岛东、西海域对河口湾整体潮流、波浪及泥沙的影响。因此,该模型计算区域西边界至九龙江上游的北溪和西溪桥闸,东边界至围头湾岬角东侧海域,东西长约 97km;模型北边界至同安湾湾顶,南边界至东园角海域,南北长约 62km。

模型采用变步长四边形网格剖分,在厦门河口湾、湾顶汊道区以及湾内港区航道水域进行

加密,最大网格步长为1000m,最小步长为50m。在垂向与实测水文资料对应,共划分为6层。模型网格划分如图5-1所示。

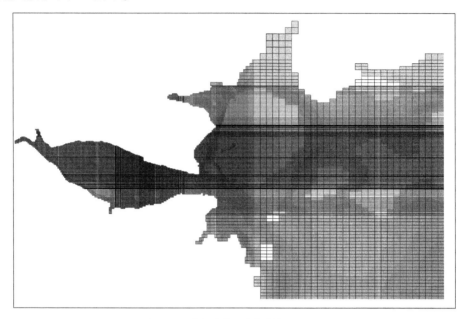

图5-1 三维水动力泥沙数学模型网格图

5.1.2 模型的边界条件、初始条件及参数设置

(1)模型外海开边界采用潮位过程控制,在计算河口湾正常水文泥沙时,模型潮位过程直接由中国海域潮汐模型提供;在计算台风浪及风暴潮时大、中模型计算出的波浪及水位变化过程为小模型提供边界条件。小模型盐度、含沙量边界根据全潮测验资料调试给定。九龙江上游北溪和西溪等主要径流根据水文站实测流量和输沙量给出。

(2)台风、波浪计算时初始值设置为0,潮流计算时初始值设置为0.01m/s,潮位、含沙量、盐度的初始条件均根据全潮实测分布设置。

(3)模型中曼宁糙率系数取值0.01,临界冲刷切应力参考河口湾海域底质取样结果取$0.3\sim0.5\text{N/m}^2$,外海深水区取为$0.5\sim0.7\text{N/m}^2$。根据航道淤积资料临界淤积切应力取$0.05\sim0.10\text{ N/m}^2$。泥沙沉速按本书建立的公式,考虑含沙量、盐度及水体紊动的影响。模型计算中均考虑漫滩、潜堤等动边界的处理。

5.1.3 正常条件下水动力盐度及泥沙验证

5.1.3.1 模型验证资料

本章采用三类资料对模型进行验证计算:

(1)在水文泥沙验证方面,采用2008年9月30日—10月1日大潮、2008年9月24日—9月25日小潮以及2009年6月8日—6月9日大潮实测水文全潮资料对模型进行验证和率定。上述三个潮型的潮差累计频率分别为10%、78%、40%。水文资料包括流速、流向、盐度、含沙量过程。由于2008年9月大潮和2009年6月大潮九龙江上游径流相差不大,且2008年的潮差较为典型,因此重点对该潮型进行验证。

(2)在厦门河口湾港区淤积验证方面,采用海沧航道正常年淤积和2010年6月十年一遇洪水淤积资料进行验证,考察较大洪水作用下的泥沙淤积特征。

(3)在台风及水动力方面,收集到对厦门河口湾海域影响较大的9914号(DAN)风速、波浪及风暴潮资料,以及0604号(BILIS)台风期间海沧港区航道淤积资料。上述资料为模型验证提供了丰富的基础。

5.1.3.2 潮位及潮流验证

图 5-2、图 5-3 给出了 2008 年 9 月大潮厦门河口湾内各测站潮位,以及各站分层流速、流向验证曲线。从验证结果来看,模型计算值与实测值在相位、量级上具有较好的一致性。模型较好反映了厦门河口湾的潮汐及水流运动特征。

5.1.3.3 盐度验证

图 5-4 给出了 2008 年 9 月大潮厦门河口湾内各测站垂线分层盐度验证曲线。从盐度的验证结果看,模型计算值与实测值在量级和分布上具有较好的一致性。模型能够反映河口区盐淡水运动及盐度分布特点。

5.1.3.4 含沙量验证

图 5-5 给出了 2008 年 9 月大潮厦门河口湾内各测站垂线分层含沙量验证曲线。从含沙量的验证结果开来看,模型计算值与实测值在量级和趋势上一致,绝大部分测点计算值与实测值对应较好,个别点(4 号、5 号)受施工影响个别时刻含沙量偏小。模型总体上反映了河口湾内的泥沙运动特点。

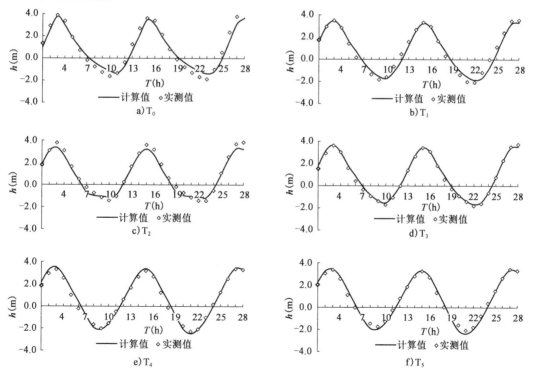

图 5-2

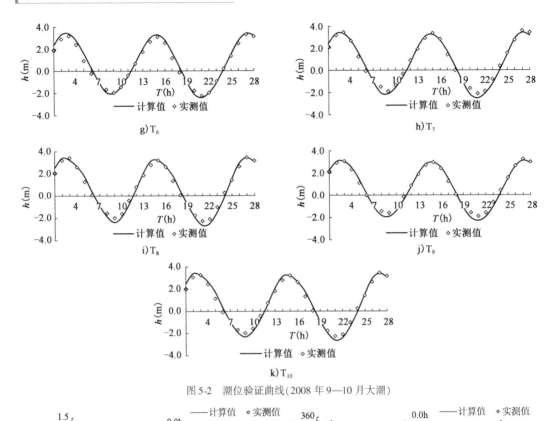

图 5-2 潮位验证曲线(2008 年 9—10 月大潮)

a) 1号

图 5-3

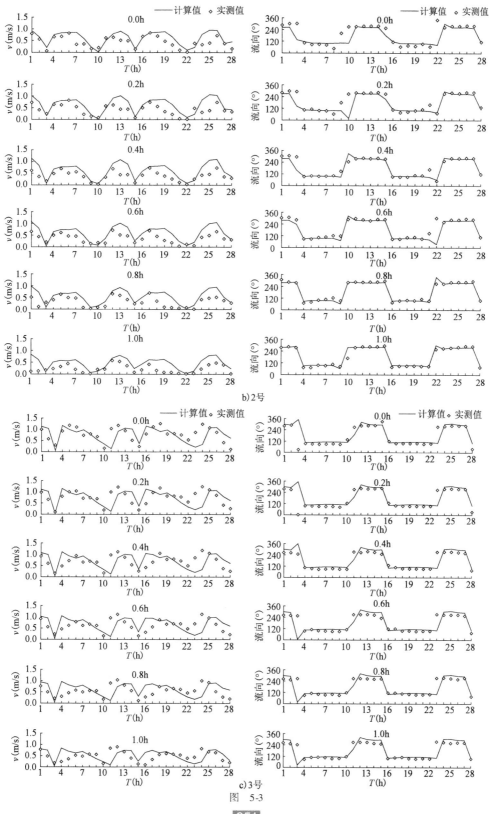

c) 3号

图 5-3

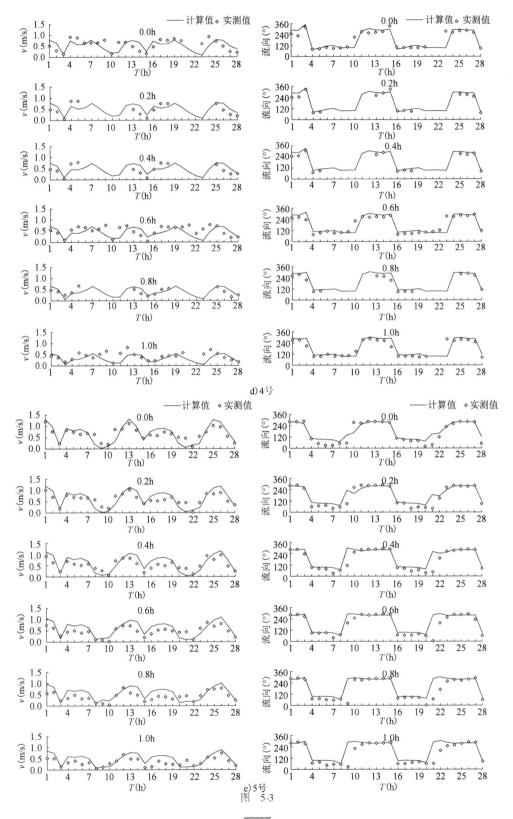

d) 4号

e) 5号

图 5-3

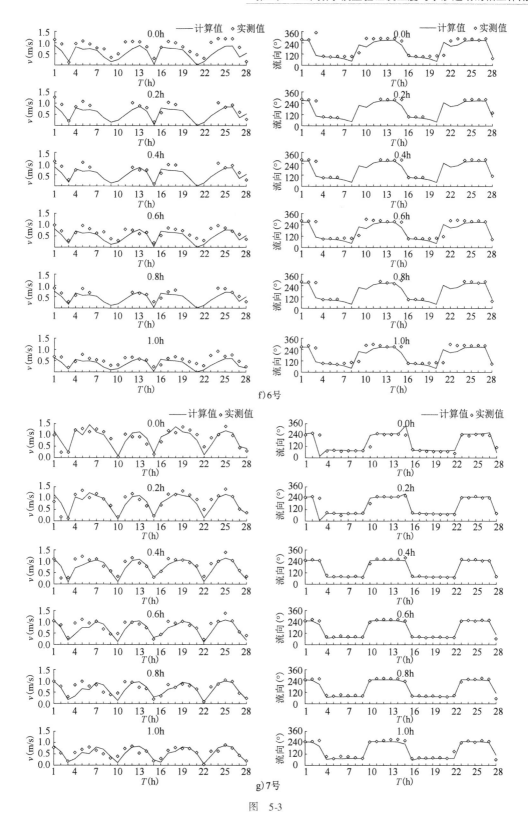

图 5-3

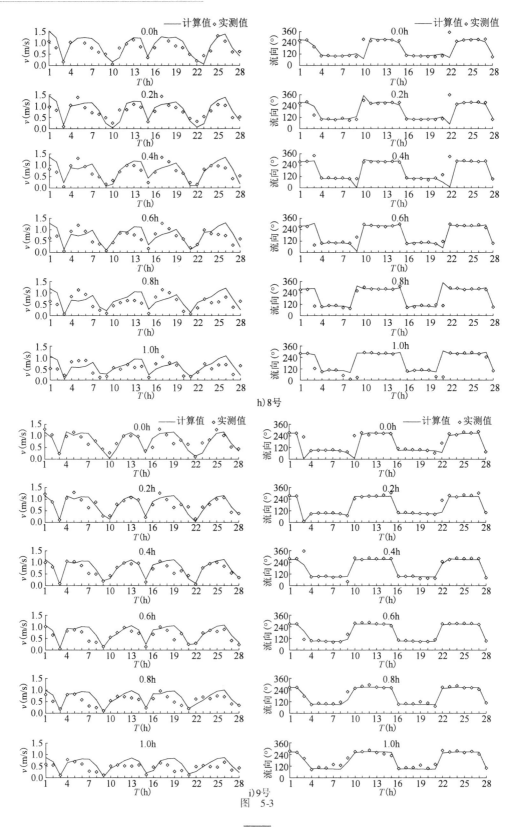

h) 8号

i) 9号

图 5-3

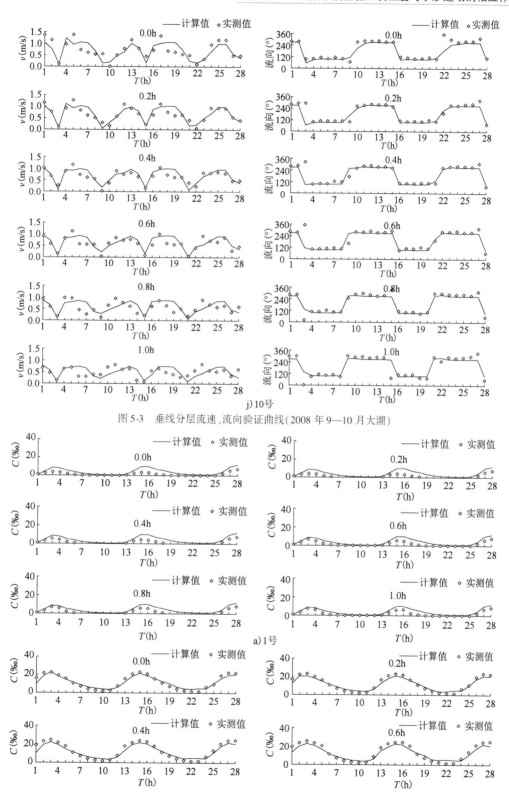

j) 10号

图 5-3 垂线分层流速、流向验证曲线（2008 年 9—10 月大潮）

a) 1号

图 5-4

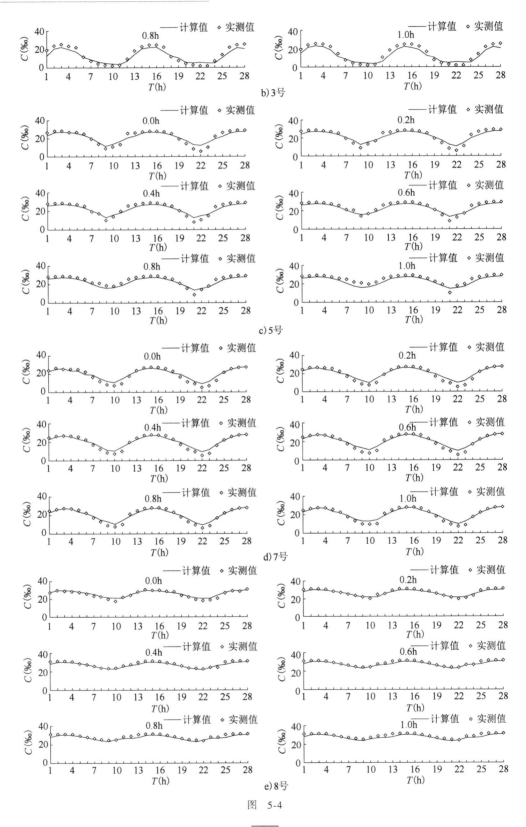

图 5-4

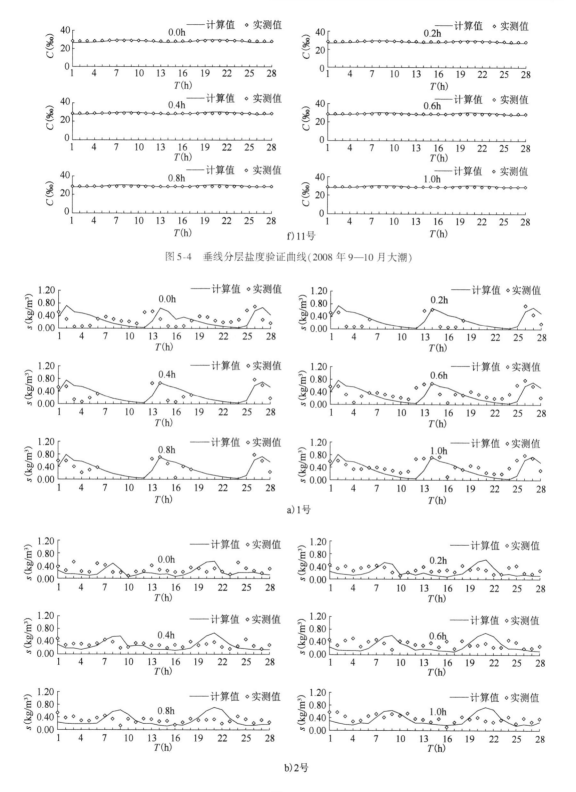

f) 11号

图 5-4　垂线分层盐度验证曲线(2008 年 9—10 月大潮)

a) 1号

b) 2号

图 5-5

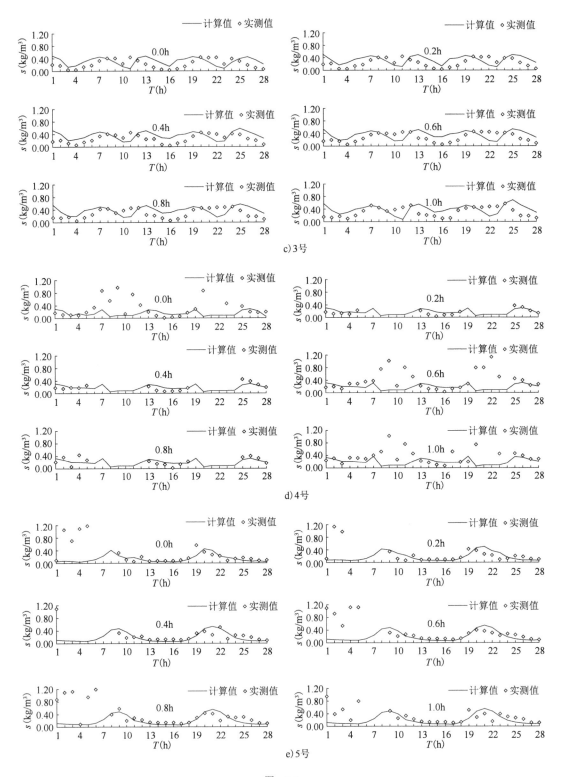

图 5-5

第5章 三维数学模型验证及盐度与水沙运动的相互作用

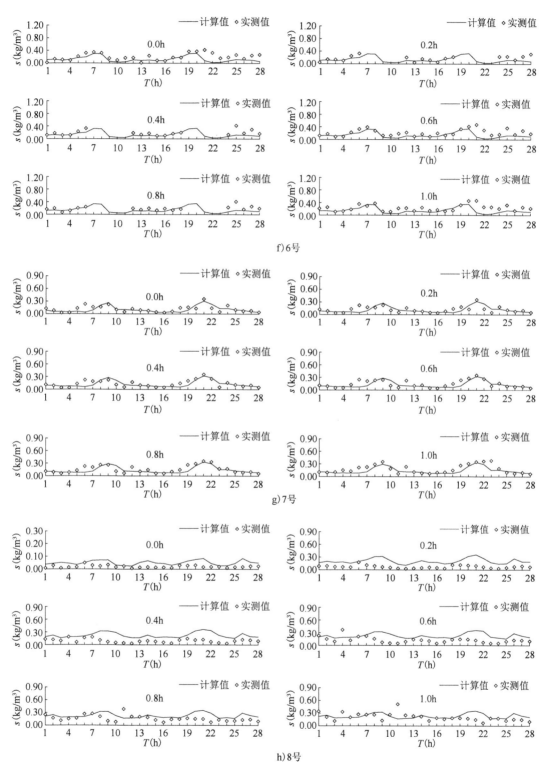

图 5-5

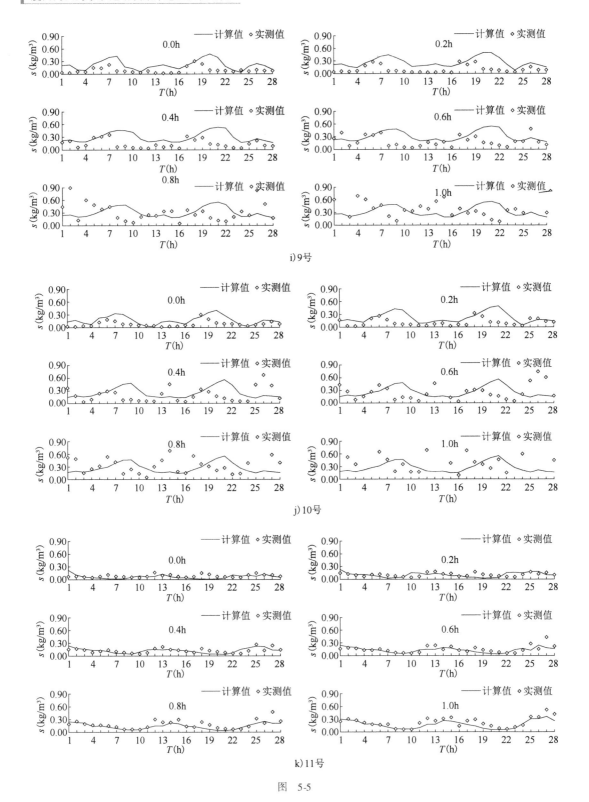

图 5-5

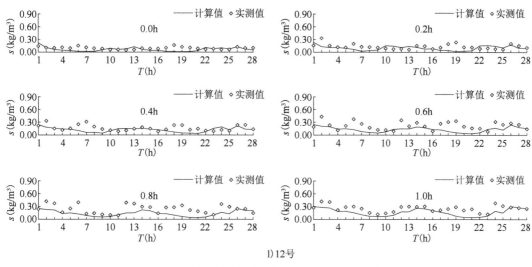

1) 12号

图 5-5 垂线分层含沙量验证曲线(2008年9—10月大潮)

5.1.3.5 港区航道正常年淤积

根据本书水沙条件特征可知,厦门港河口区航道泥沙淤积主要与上游泄沙量有关。从20世纪90年代初至今九龙江的输沙量具有较明显的年际变化,在厦门港航道一期工程实施后的1999—2001年期间九龙江输沙量总体稳定且输沙量值与多年平均值接近。因此采用该时段各航道的淤积情况,对航道的年均淤积进行验证。计算时还考虑九龙江上游的径流量和输沙量的情况。图5-6给出了海沧港区航道 EG 段(湾口至鸡屿)年淤积和厦门港主航道 CDE 段(湾口)淤积验证结果。验证结果表明计算值与实测值基本一致。

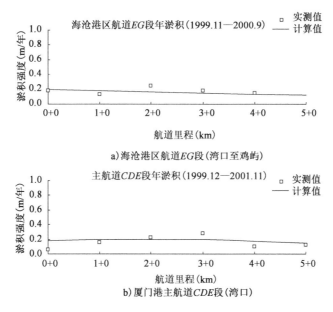

图 5-6 厦门河口湾湾口段不同航道的淤积验证

5.1.4 洪水过程淤积验证

2010年6月九龙江上游实测十年一遇大洪水过程(图5-7)。其中,北溪浦南站最大日平均流量4140m³/s,最大日输沙量为2.28×10^9kg,西溪郑店站最大日平均流量630m³/s,最大日输沙量为4.4×10^7kg。根据本次洪水过程,采用上述模型对海沧航道和招银航道的洪水骤淤进行了验证(图5-8)。由图可知,大洪水下的淤积分布和淤积量级计算值与实测值基本一致。表明模型能够较好地模拟洪水过程厦门河口湾港池航道的淤积情况。

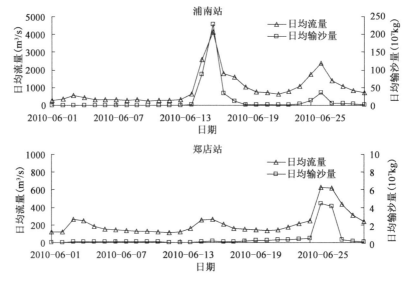

图5-7 九龙江上游十年一遇洪水及输沙过程

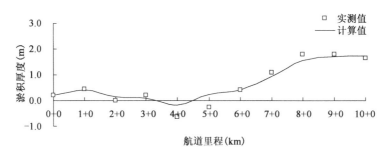

图5-8 海沧港区航道十年一遇洪水淤积验证

5.1.5 台风暴潮及航道淤积验证

根据对影响厦门河口湾海域的多场台风比较,采用9914号(DAN)台风的风速、波浪、风暴潮增水资料进行验证。该台风属于直接登陆型,也是1960年以来影响该海域的最强台风。9914号(DAN)台风于1999年10月3日17:00在菲律宾以东洋面生成后,向西移入南海,6日2:00转向西北,7日8:00又转向北,9日10:00在厦门以南的镇海登陆。随后台风中心经海沧、同安,于 9 日 16:00 进入安溪并继续向北移动。登陆时最大风速达 38m/s(风力 12 级)。该场台风在厦门滞留时间长,其最大阵风超过 12 级的风力维持了 10h。由于台风登陆期间正值农历天文大潮期,实测最大增水 141cm。9914 号台风影响期间,九龙江浦南和郑店站的最大日均流量分别为 434m^3/s、518m^3/s。

图 5-9 ~ 图 5-11 分别给出了 9914 号台风的风速、登陆期间潮位、有效波高验证结果。从计算值与实测值的过程线比较可以看出,模型计算值与实测值对应总体较好,模型总体上反映了台风、波浪及风暴潮过程。

从模拟结果来看,台风影响期间,登陆前和登陆时厦门河口湾主要受 NE 向大风作用,而登陆后风向逐渐转向偏 S 和 SW 向,且风速逐渐减弱。该期间在波高分布上湾口以外的开敞海域波高明显加大,登陆时小金门岛外侧有效波高可达 6m 左右,但在河口湾内由于受湾口岛群掩护及岸线曲折影响,湾内波高基本在 1m 左右,湾口局部波高达 2m 左右。

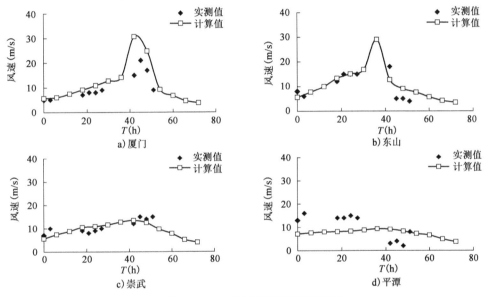

图 5-9 9914 号台风登陆期间风速验证

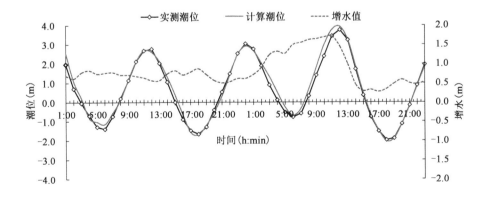

图 5-10 9914 号台风登陆期间潮位及增水过程验证

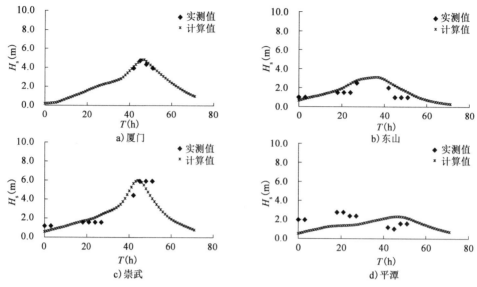

图 5-11　9914 号台风登陆期间有效波高验证

1011 号台风（FANAPI）属于登台入闽型台风。于 2010 年 9 月 16 日 11:00 加强为强热带风暴，16 日 17 时其中心在中国台湾地区花莲市东南方大约 725km 的洋面上，中心附近最大风力 11 级（30m/s）。19 日上午 9:00，在台湾花莲登陆，20 日 7:00 在福建漳浦第二次登陆。1011 号台风影响期间，九龙江浦南和郑店站的最大日均流量分别为 1000 m^3/s、1800 m^3/s。

图 5-12 给出了 1011（FANAPI）台风影响期间海沧港区 17~19 号泊位航段半个月的淤积验证情况。从航道淤积的计算结果看，海沧航道 7+0~10+0 段（17~19 号泊位航段）淤积厚度从 0.2m 逐渐增大到 0.8m 左右，淤积分布与实测值趋势一致、量级相当。模型总体上反映了该场台风影响期间海沧港区西段航道的淤积情况。

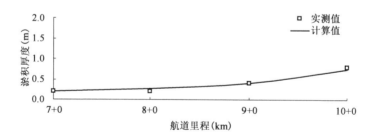

图 5-12　海沧港区航道凡亚比台风期间淤积验证（2010.9.11~9.26）

通过上述不同水文条件下水动力、盐度、含沙量及淤积等相关验证表明，建立的厦门河口湾水动力三维数学模型能够较好地反映该水域的水动力盐度及泥沙运动特征，为以下分析奠定了良好的基础。

本章数模计算分析的正常水文条件、洪水条件及台风条件等三种动力条件具体内容包括如下，此后不再赘述。

（1）正常水文条件（大潮）：正常径流且无风浪影响的动力条件，即采用模型验证中的 2008 年 9 月大潮(潮差 5.5m,累计频率 10%)及径流条件(平均径流 196m³/s)作为计算条件。

(2)洪水条件:采用九龙江 2010 年 6 月洪水输沙过程,该次洪水约为十年一遇条件,其中北溪最大日平均流量 4140m³/s,最大洪峰流量可达约 6000m³/s,西溪最大日平均流量 630m³/s,洪水过程详见前述水沙特征及验证章节。

(3)台风条件:采用近年来对厦门河口湾影响最大的 9914 台风动力过程,该场台风最大阵风超过 12 级的风力持续 10h,北溪和西溪最大日均流量分别为 434m³/s、518m³/s。9914 台风的相关介绍详见前述水沙特征。

5.2 厦门河口湾水流与盐度的相互影响

河口湾受潮流和径流双重动力影响,也是盐淡水交汇掺混的主要区域,水流运动在一定程度上影响着盐淡水的运动特征;同时由于盐淡水的掺混也将影响水流的垂线分布特征。本节主要研究厦门河口湾不同水动力流场对盐度平面分布的影响,并分析盐度的斜压梯度对河口湾垂向流场特征的影响。

5.2.1 平面水流运动特征及对盐度分布影响

为分析不同条件下厦门河口湾内流场特征以及对盐度平面分布的影响,图 5-13、图 5-14 分别给出了正常水文条件下不同时刻的表底层流场和盐度场,图 5-15、图 5-16 分别给出了洪水条件下不同时刻的表底层流场和盐度场,图 5-17、图 5-18 分别给出了台风条件下不同时刻的表底层流场和盐度场。

正常水文大潮条件下,涨潮时潮流自湾口呈 NW 向进入湾内,在鸡屿分为南、北两股水流,其分流比基本各占一半。随后在海门岛再次被分为南、北两部分水流,其中北断面较宽浅、南断面窄深,二者分流比约为 4:1,因此海门岛以北成为主要过水断面。涨潮流至湾顶后向北港、中港及南港三个汊道汇入,其中南港水道水流最强、中港水道其次、南港水道最弱。落潮过程基本与涨潮过程相逆,其中海门岛南侧水流相对北侧更为强劲,运移距离也最远。从河口湾东西向盐度的平面分布看,正常水文条件下盐度分布相对均匀,盐度自湾口向湾顶逐渐减小,梯度变化较为均匀。其中湾口最高盐度约 30‰,湾顶最低盐度在 6‰左右。盐度分布主要受到涨落潮水流影响,等值线与水流流向多呈正交状态。从河口湾盐度南北向的分布看,存在一定差异。其中涨潮过程海门岛北侧水域盐度相比南侧水域较高,即较高盐度水体在涨潮流作用下可直接作用至湾顶;落潮过程海门岛南侧水道则体现出强水流和径流优势,使淡水向湾口输运距离更远,形成北高南低的盐度分布特点。从表、底层流场及盐度分布看,表层流速较底层更大,底层盐度相对偏高,但总体差异不大。

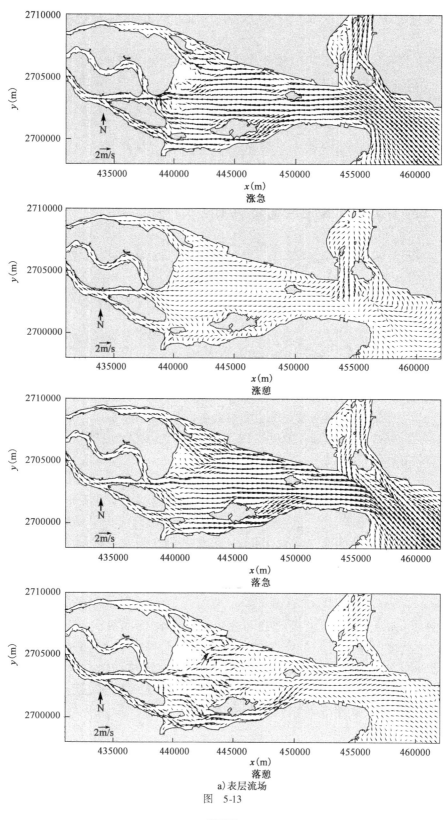

涨急

涨憩

落急

落憩

a) 表层流场

图 5-13

第5章 三维数学模型验证及盐度与水沙运动的相互作用

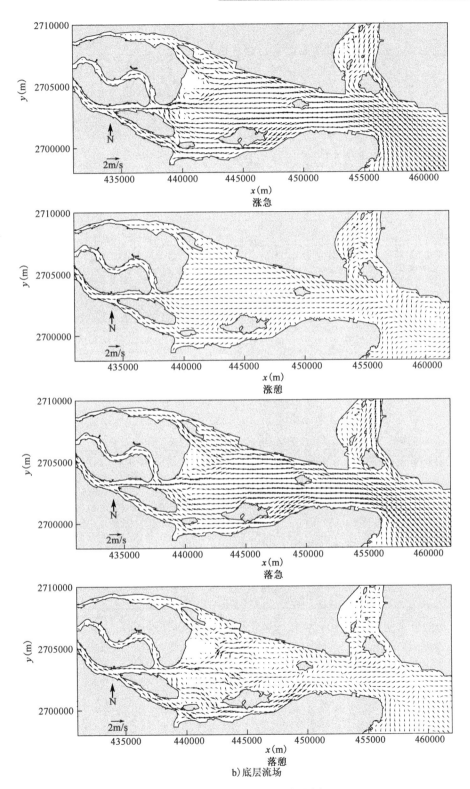

b) 底层流场

图 5-13　厦门河口湾大潮表底层流场

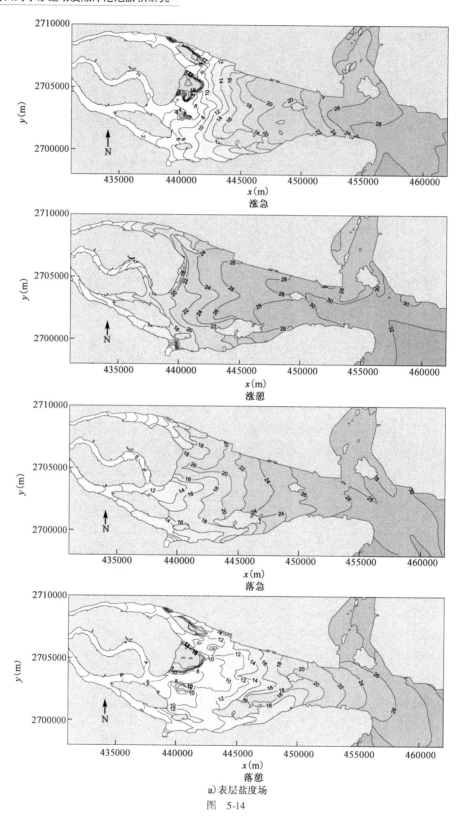

a)表层盐度场

图 5-14

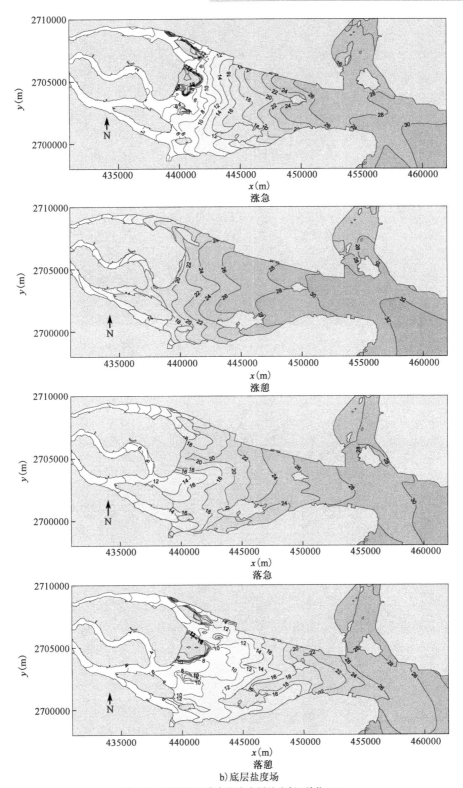

b) 底层盐度场

图 5-14 厦门河口湾大潮表底层盐度场(单位:‰)

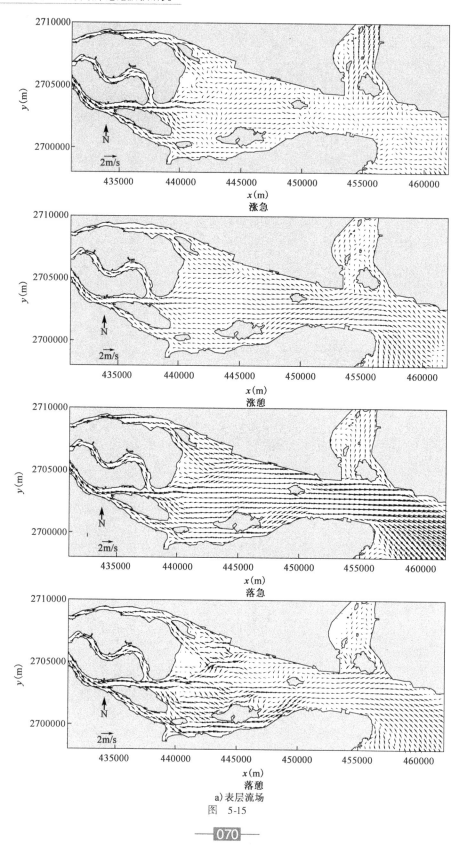

a) 表层流场

图 5-15

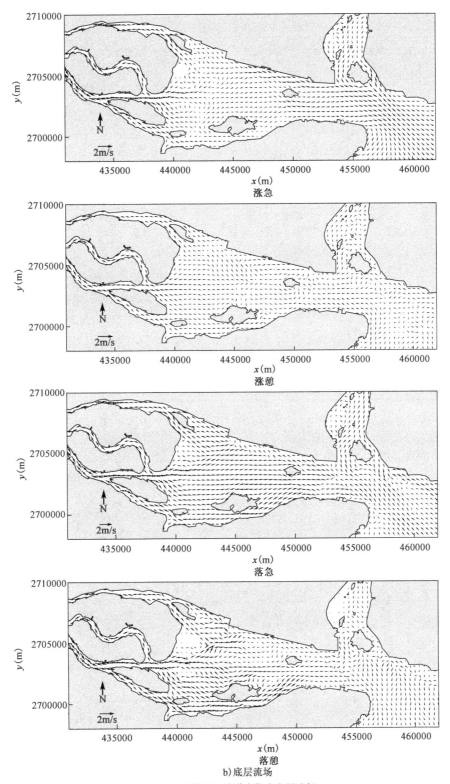

b) 底层流场

图 5-15 厦门河口湾洪水期表底层流场

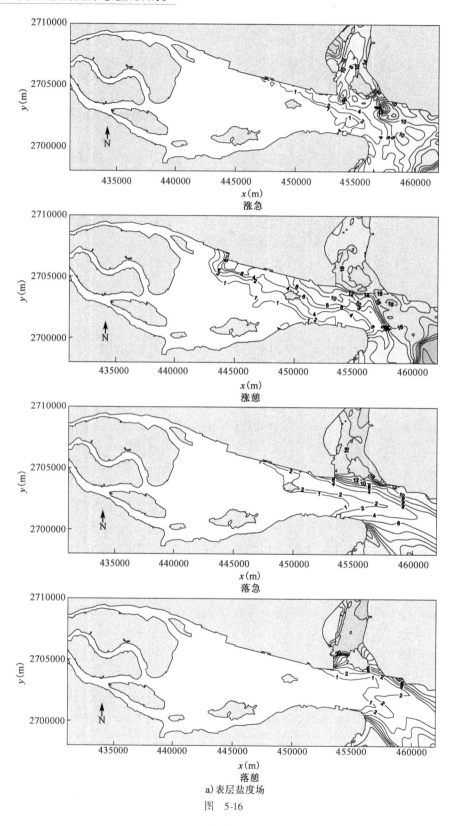

涨急

涨憩

落急

落憩
a) 表层盐度场

图 5-16

第5章 三维数学模型验证及盐度与水沙运动的相互作用

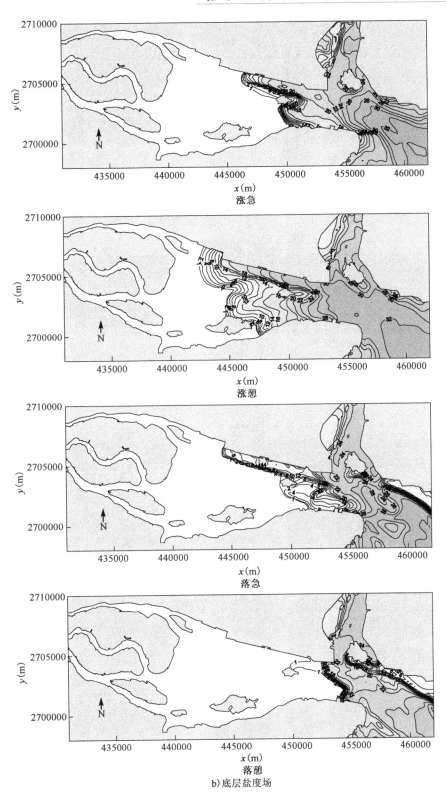

b)底层盐度场

图 5-16 厦门河口湾洪水期表底层盐度场(单位:‰)

厦门河口湾水沙运动及顺岸港池淤积研究

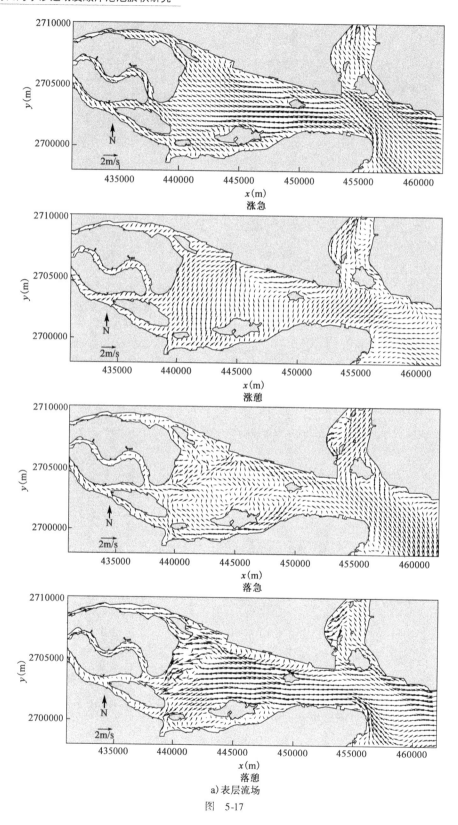

涨急

涨憩

落急

落憩
a) 表层流场
图 5-17

第5章 三维数学模型验证及盐度与水沙运动的相互作用

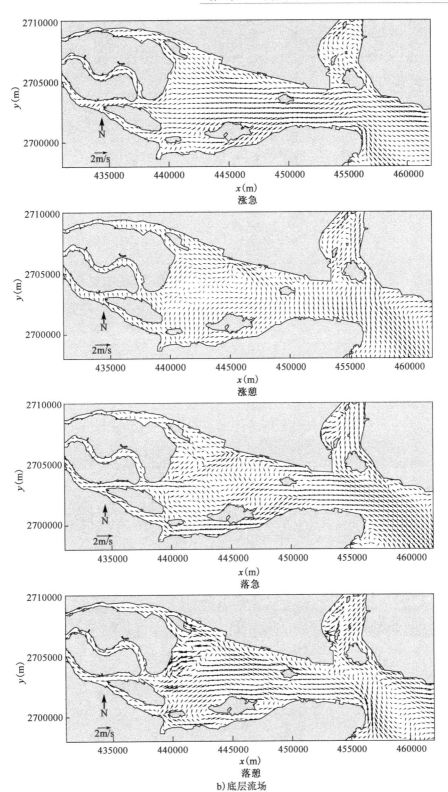

b) 底层流场

图 5-17　厦门河口湾台风期表底层流场

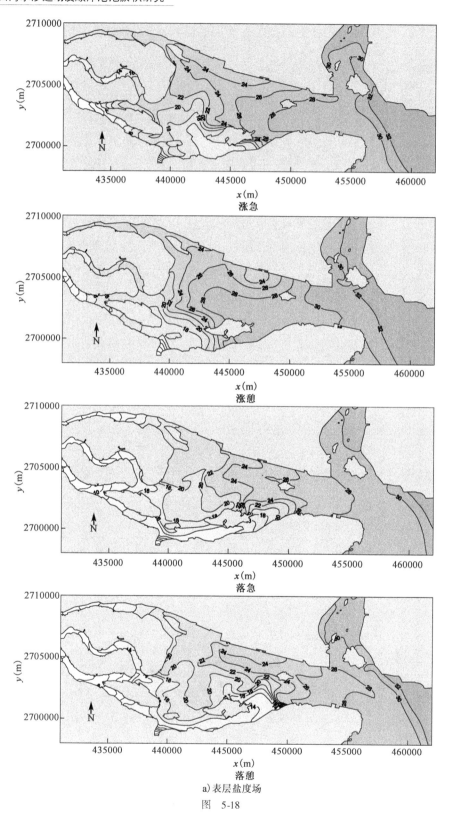

涨急

涨憩

落急

落憩

a) 表层盐度场

图 5-18

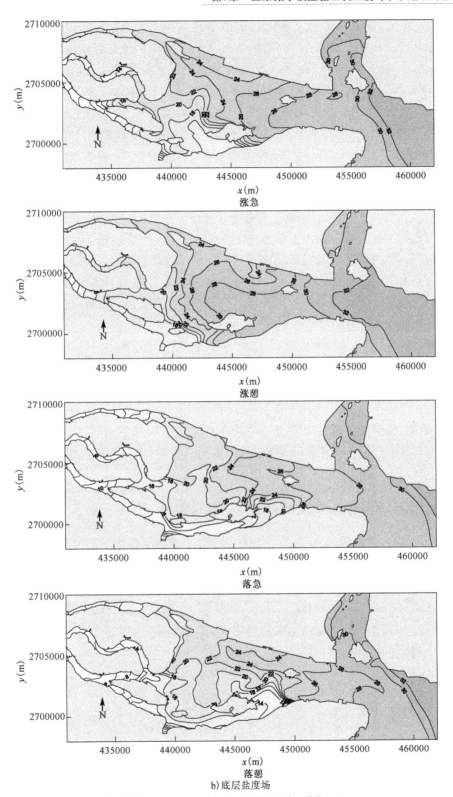

b) 底层盐度场

图 5-18 厦门河口湾台风期表底层盐度场(单位:‰)

在洪水条件下,受上游十年一遇洪水大流量的影响,湾内落潮流占绝对优势,下泄洪水与涨潮流形成顶冲状态,涨潮过程湾内流速较小,落潮过程流速较大,至落急流速最大可达 2m/s 以上。从盐度分布看,河口湾内盐度较正常水文条件大幅下降,盐度最高区分布在湾口,最大约为 10‰。而湾顶水域基本均为淡水。盐度北高南低的分布特点较正常水文条件更为显著,其中表层 1‰盐度线在涨憩时形成自鸡屿南岸至海沧顺岸港区西端的锋面,底层盐水扩散较表层范围更大,涨憩时刻已至海门岛北侧水域。洪水条件下盐度的表、底层梯度变化显著,其中北岸的海沧顺岸港池及鸡屿东水域的表、底层盐度相差 10‰~20‰。

在台风条件下,受 9914 号台风过程影响,登陆前厦门河口湾最受 NE 向大风影响,登陆后逐渐转为偏 S 向和 SW 向大风。本处主要分析台风登陆阶段的流场及盐度分布情况。从流场可见,在台风影响下河口湾流场与正常水文条件和洪水条件有所差异。受偏 S 向大风影响,湾内水流极其复杂,在大风与潮流相互影响下,在湾内形成多个环流。湾内盐度分布也较正常条件更为复杂,受上游径流影响仍保持了西低东高、北高南低的盐度分布特点,其中湾口最高盐度约在 30‰,湾顶最低盐度在 6‰左右。但受复杂流场的影响,在平面分布梯度上呈现明显的不均匀性。从盐度的表、底层分布看,总体上差异性不大。

通过上述对 3 种动力条件下流场、盐度的过程和分布可知,厦门河口湾北岸水域以涨潮动力为优势,是盐水入侵的主要水域,南岸水域以落潮动力为主,是上游淡水下泄的主要通道,在水流运动对盐度分布有着直接影响,使湾内形成盐度北高南低、西低东高的差异分布格局。3 种动力条件下河口湾的盐度分布存在差异,其中正常水文条件和洪水条件下的盐度梯度的平面分布更为显著,其中前者更为均匀,而台风下的盐度的平面梯度分布不均匀且更为复杂;在垂向分布上,正常水文条件和台风条件下盐度垂线分布较均匀,而洪水作用下盐度则形成较大梯度分布,该特点在北岸的海沧顺岸港池水域更为显著。

5.2.2 盐度垂向分布特征及对水流运动的影响

为了考察正常水文条件、洪水条件及台风条件厦门河口湾内盐度垂向分布特征,以及对水流垂向运动的影响,在河口湾内布置了北、中、南三个纵断面(图 5-19),对不同动力条件下的垂向盐度分布与流场进行比较。

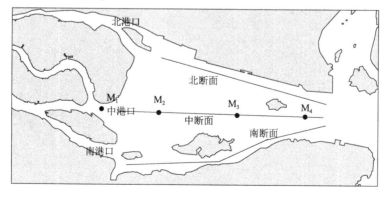

图 5-19 纵断面及测点布置

图 5-20 ~ 图 5-22 以中断面为例,分别给出了正常水文条件、洪水及台风 3 种动力条件下不同时刻垂向流场及盐度分布。

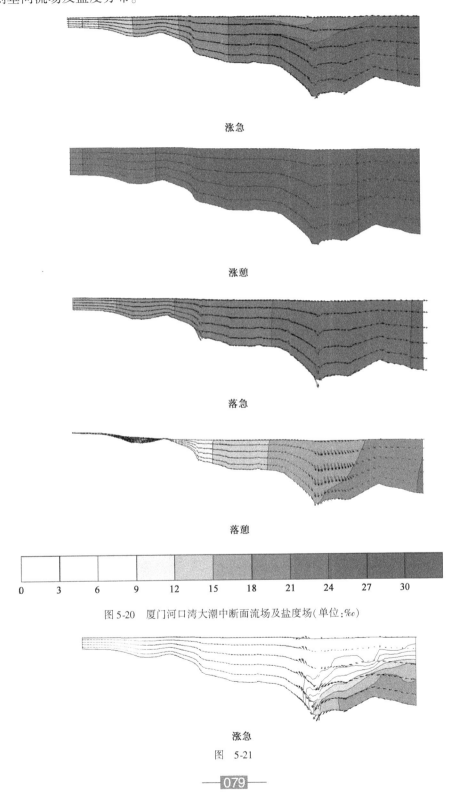

涨急

涨憩

落急

落憩

图 5-20　厦门河口湾大潮中断面流场及盐度场(单位:‰)

涨急

图　5-21

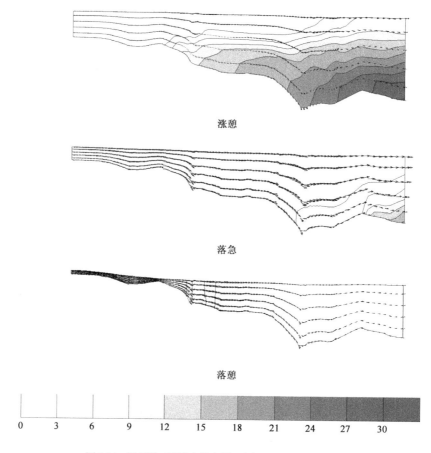

图 5-21 厦门河口湾洪水期中断面流场及盐度场(单位:‰)

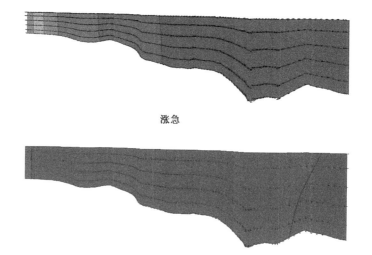

图 5-22

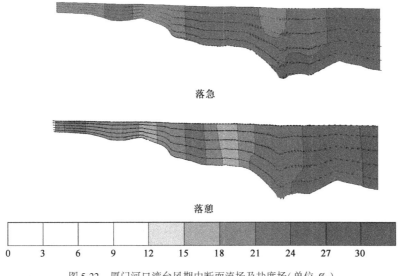

图 5-22 厦门河口湾台风期中断面流场及盐度场(单位:‰)

表 5-1 ~ 表 5-3 分别给出了各特征点全潮平均盐度的各层统计结果,并根据 Hansen 等关于水体垂向混合分析方法计算出了各位置的垂向分层系数 $\delta S/S_0$(其中,δS 为表、底层盐度差,S_0 为深度平均盐度值)。当 $\delta S/S_0 >1$ 时为高度分层;当 $\delta S/S_0 <0.1$ 时为均匀混合;当 $0.1< \delta S/S_0 <1$ 时属于部分混合。一般来说,分层系数越小,表示混合越强;反之,分层系数越大,则混合程度越差。以部分混合为主的河段,在水平方向和垂直方向均有明显的密度梯度存在,受其影响淡水径流从上层排出,下层在密度梯度的作用下,产生净向陆的上溯流,构成一个上层净向海、下层净向陆的垂向密度流,密度流的存在则有助于下层泥沙上溯。

大潮各点平均分层盐度统计(‰)   表 5-1

测点	表层	0.2 层	0.4 层	0.6 层	0.8 层	底层	垂线平均值	分层系数
M_1	8.19	8.24	8.31	8.36	8.39	8.40	8.31	0.02
M_2	13.96	14.00	14.10	14.13	14.14	14.15	14.08	0.01
M_3	21.44	21.59	21.70	21.74	21.76	21.77	21.67	0.02
M_4	24.19	24.50	25.17	25.37	25.47	25.48	25.03	0.05

洪水期各点平均分层盐度统计(‰)   表 5-2

测点	表层	0.2 层	0.4 层	0.6 层	0.8 层	底层	垂线平均值	分层系数
M_1	0.92	0.95	0.97	0.98	0.99	0.99	0.97	0.07
M_2	1.82	1.83	1.85	1.86	1.86	1.86	1.85	0.02
M_3	3.22	3.42	4.84	6.68	7.35	7.57	5.51	0.79
M_4	4.83	5.71	9.04	12.43	14.32	14.58	10.15	0.96

台风期各点平均分层盐度统计(‰) 表 5-3

测点	表层	0.2层	0.4层	0.6层	0.8层	底层	垂线平均值	分层系数
M_1	12.18	12.00	12.21	12.24	12.27	12.32	12.20	0.01
M_2	18.32	18.31	18.32	18.33	18.34	18.34	18.33	0.00
M_3	23.23	23.26	23.44	23.47	23.49	23.49	23.40	0.01
M_4	25.68	25.70	25.73	25.79	25.82	25.89	25.77	0.01

计算结果表明,正常水文条件和台风动力条件下的盐度垂向分布类似,断面沿程的盐度垂向分布总体均匀,其中前者的分层系数在0.01~0.05,后者的分层系数在0.00~0.01,可见均属于均匀混合的状态。盐度垂向梯度变化较大的位置出现在鸡屿水域,盐度呈上小下大的分布,受其影响部分时刻在垂向上存在梯度流。

洪水条件下盐度的垂向分布相对前两种条件分布最为不均匀,在涨急和落急时刻鸡屿以东水域均出现明显的斜压梯度分布,各特征点的分层系数在0.07~0.96,并具有自湾顶向湾口逐渐增大的分布,其中以海门岛为界,以上为均匀混合,以下为部分混合。受盐度垂向分层影响,在鸡屿水域出现了复杂的垂向环流。

图5-23以洪水条件为例,给出了河口湾纵向北断面和南断面在涨、落急典型时刻的垂向盐度及流场分布。北断面主要位于河口湾北岸的海沧顺岸港池水域,港内盐度分布具有明显的梯度分布,西端受地形影响形成较大的流速垂向分量。南断面位于海门岛以南水道,同样存在显著的盐度梯度。

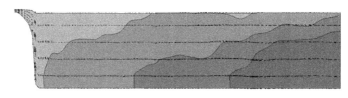

北断面(涨急)

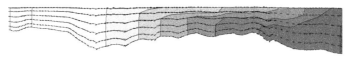

南断面(涨急)

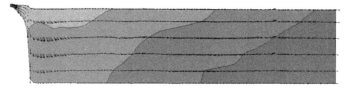

北断面(落急)

图 5-23

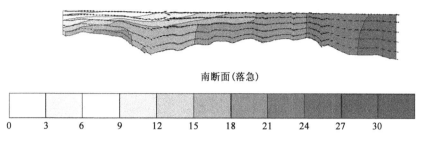

图5-23 厦门河口湾洪水期特征时刻断面流场及盐度场(单位:‰)

综上可知,洪水期九龙江湾盐度垂向梯度分布最大,以海门岛为界,以上属于垂向分层的均匀混合,以下为部分混合,鸡屿是正常水文条件和台风期盐度梯度变化较大的分界点。盐度对垂向流场的分布具有一定影响,其中洪水期在鸡屿水域可形成较明显垂向环流。

5.3 厦门河口湾盐度对悬沙运动的影响

盐度对黏性细颗粒泥沙的絮凝具有重要作用,泥沙絮凝后改变了泥沙沉降特性,对含沙量及泥沙运动等产生一定影响。本节主要研究盐度对厦门河口湾含沙量的影响,以及盐度、含沙量过程对厦门河口湾不同区域泥沙沉降速度变化过程的影响。

5.3.1 盐度絮凝对含沙量分布的影响

图5-24给出了不考虑盐度絮凝影响时正常水文条件下的厦门河口湾表层和底层含沙量分布图。河口湾的含沙量的分布及泥沙运动主要受控于涨落潮动力过程。涨潮时受湾口外潮流向湾内涌入,将湾口以内的较高含沙水体推向湾顶,使湾内较高含沙量主要分布于海门岛至北中南港的汊道水域,其中河口湾北岸受湾口较强涨潮流作用,泥沙被推向湾顶,且在北岸形成的含沙量锋面也更加显著,这也是河口湾湾顶北部水域滩面多年淤涨的主要影响因素;落潮时,河口湾内较高含沙水体在落潮流作用下向湾口运动,使海门岛以东至湾口水域含沙量增大,特别在海门岛以南水道,落潮对泥沙输送距离明显远于北岸,呈舌状向湾口东南方向运动,这表明海门岛南侧水道是厦门河口湾向外输沙的主要动力通道,这与泥沙对盐淡水的输送规律是一致的。在河口湾含沙量的平面分布上,具有明显的区域性差异。在河口湾纵向分布上,无论涨潮落潮均呈现湾顶浅滩水域含沙量大、并向东侧湾口递减的趋势。其中湾顶至海门岛段含沙量为 $0.2 \sim 0.3 \mathrm{kg/m^3}$,海门岛至鸡屿段含沙量为 $0.08 \sim 0.2 \mathrm{kg/m^3}$,鸡屿至湾口段含沙量在 $0.08 \mathrm{kg/m^3}$ 以下。由此可见,就厦门河口湾的最大浑浊带下限而言,应位于海门岛水域。在横向分布上,在湾顶至海门岛水域含沙量总体上呈现中港及北港水域较大的分布,最大含沙量可达 $0.75 \mathrm{kg/m^3}$,而南港口门外含沙量在 $0.42 \mathrm{kg/m^3}$ 左右。含沙量在垂向上底层大于表层,底层为表层的 $1 \sim 2.5$ 倍。

图5-25给出了考虑盐度絮凝影响时正常水文条件下的厦门河口湾含沙量分布图。含沙量的分布总体与不考虑盐度絮凝时基本一致,但由于盐度对悬沙絮凝有影响,局部地区的悬沙分布有所不同。在平面分布上,仍是河口湾顶至湾口的含沙量逐渐减小。由于盐度絮凝的作用,湾顶水域较高含沙的范围有所扩大,含沙量增加约1.2倍。

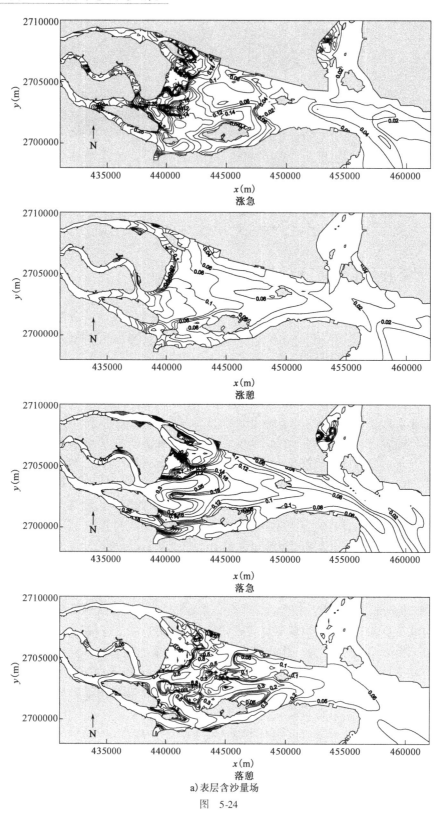

涨急

涨憩

落急

落憩

a) 表层含沙量场

图 5-24

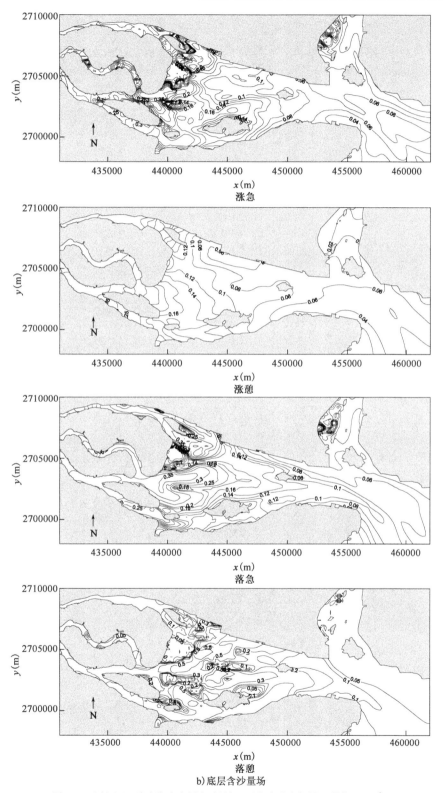

b) 底层含沙量场

图 5-24　厦门河口湾大潮表底层含沙量场(不考虑盐度絮凝)(单位:kg/m³)

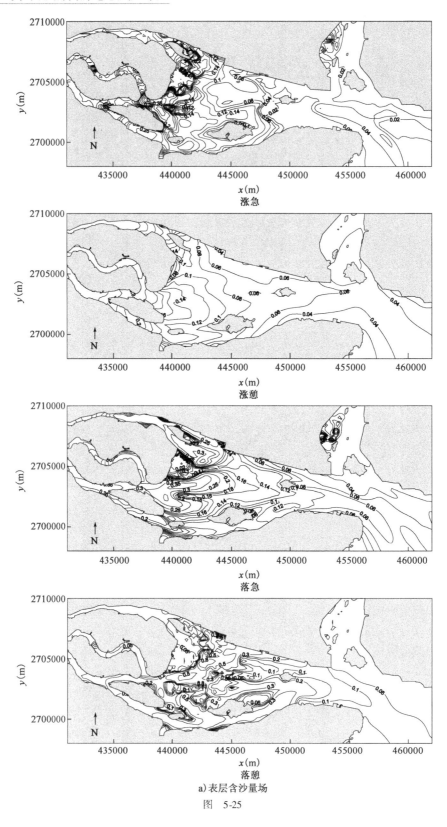

涨急

涨憩

落急

落憩

a) 表层含沙量场

图 5-25

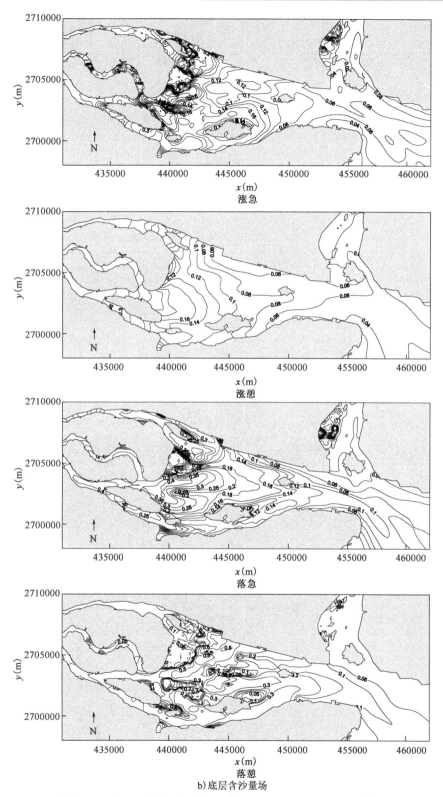

图 5-25 厦门河口湾大潮底层含沙量场(考虑盐度絮凝)(单位:kg/m³)

在垂向上表底层含沙量的差异有所增大，图 5-26 给出了实测大潮河口湾内各测点的平均含沙量的垂线分布，同时在图中列出了是否考虑盐度絮凝的计算值。由比较可知，考虑盐度絮凝作用后与实测值更为接近，数学模型能够更合理地模拟河口湾的泥沙运动及淤积情况。

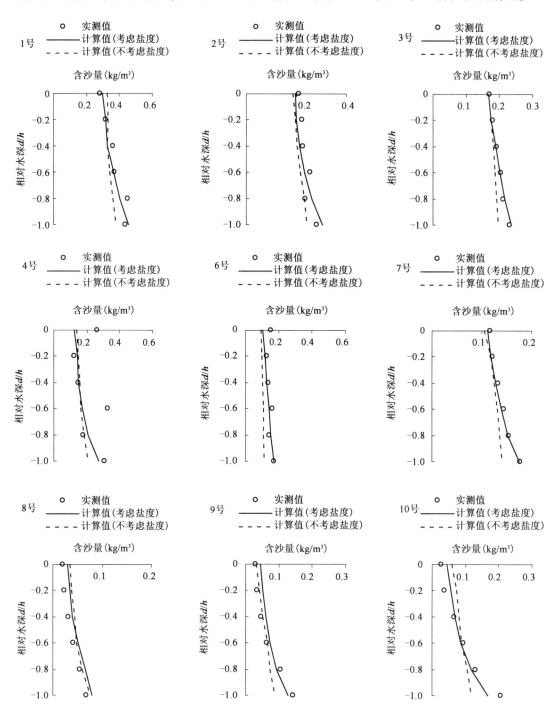

图 5-26　厦门河口湾大潮实测含沙量与考虑盐度计算值比较

5.3.2 盐度及含沙量对泥沙沉速的影响

为分析盐度、含沙量过程对厦门河口湾不同区域泥沙沉降速度变化过程的影响,选取湾顶至湾口沿程的 4 个特征点(位置见图 5-19),这些点位基本代表了厦门河口湾的盐度及正常含沙量范围。

图 5-27 给出了正常水文条件下各特征点沉速与含沙量、盐度随时间的变化过程。由图可知,沉速随含沙量及盐度变化增减,随含沙量和盐度的增大而增大,其中盐度在 5‰~10‰ 时沉速变化最显著,盐度超过 20‰ 则主要随含沙量变化。各点中 M_1 和 M_2 测点的沉速变化幅度较大,甚至可以达到 2 倍的变化,而 M_3、M_4 测点沉速则变化相对减小,其中位于湾口的 M_4 点沉速变化最小。

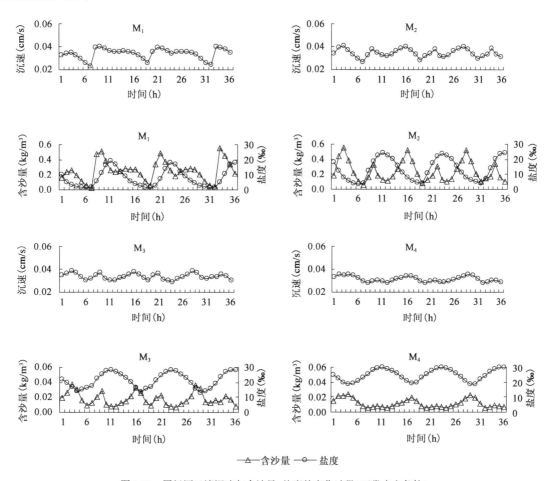

图 5-27　厦门河口湾沉速与含沙量、盐度的变化过程(正常水文条件)

图 5-28 给出了洪水条件下各特征点沉速与含沙量、盐度随时间的变化过程。由图可知,由于洪水期湾内含沙量增大、盐度减小,沉速一方面随含沙量增大而增大,如 M_1 和 M_2 测点;同时由于盐度减小沉速也随之减小,如 M_3 和 M_4 测点。厦门河口湾洪水条件下较正常水文条件下的沉速大 1.1~2.0 倍。

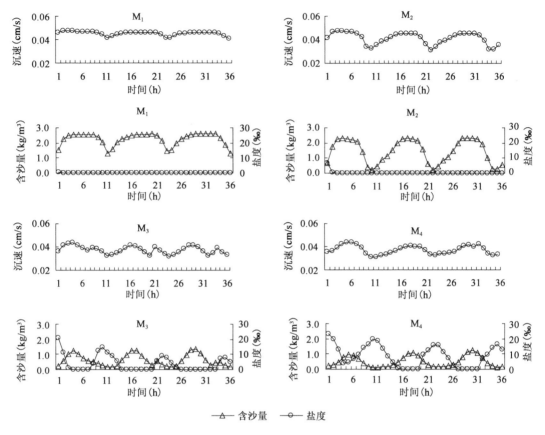

图 5-28　厦门河口湾沉速与含沙量、盐度的变化过程（洪水条件）

上述表明，靠近河口湾湾顶水域受含沙量和盐度影响，泥沙运动最为复杂，在较高含沙量和一定的盐度条件下更容易沉降淤积。同时也反映本书提出的黏性细颗粒泥沙的沉速公式能够较合理反映出河口湾水沙运动及沉速随含沙量及盐度的变化特征。

5.4　本章小结

本章建立了厦门河口湾水动力泥沙数学模型，采用实测资料分别对正常水文径流、洪水输沙及强台风动力过程下的水动力、盐度及泥沙运动进行验证计算。根据数值模拟结果，对不同水动力条件下厦门河口湾的水流与盐度的相互影响进行了分析，研究了盐度絮凝对含沙量分布的影响以及厦门河口湾内盐度与含沙量对沉速的影响过程。得到以下结论：

（1）本书选取和改进的水动力泥沙三维数学模型经实测资料验证后，表明潮位、潮流、盐度、台风、波浪、含沙量、淤积等多种要素的计算值与实测值对应良好，模型能够较好地反映厦门河口湾的水动力、泥沙运动及淤积特征，模型验证成功。

（2）厦门河口湾北岸水域以涨潮动力为优势，是盐水入侵的主要水域，南岸水域以落潮动力为主，是上游淡水下泄的主要通道，在水流运动对盐度分布有着直接影响，使湾内形成盐度北高南低、西低东高的差异分布格局。不同水动力条件下河口湾的盐度分布存在差异,其中正常水文条件和洪水条件下的盐度呈平面梯度分布,且前者更为均匀,台风下的盐度的平面梯度分布不均匀且更为复杂。在垂向分布上,正常水文条件和台风条件下盐度垂线分布较均匀,而洪水作用下盐度则形成较大梯度分布,该特点在北岸的海沧顺岸港池水域更为显著。

(3) 洪水期厦门河口湾盐度垂向梯度分布分布最大,以海门岛为界,以上属于垂向分层的均匀混合,以下为部分混合,鸡屿是正常水文条件和台风期盐度梯度变化较大的分界点。盐度对垂向流场的分布具有一定影响,其中洪水期在鸡屿水域可形成较明显的垂向环流。

(4) 考虑盐度絮凝影响时河口湾含沙量分布与未考虑时总体一致,但由于盐度对悬沙絮凝有影响,局部地区的悬沙分布有所不同,湾顶水域较高含沙的范围有所扩大,含沙量增加约 1.2 倍。考虑盐度絮凝作用后在垂向上表底层含沙量的差异有所增大,且与实测值更为接近。

(5) 沉速在水沙及盐度运动过程中随之变化,随含沙量和盐度的增大而增大,其中盐度在 20‰ 以下时沉速变化最显著,靠近湾顶区的沉速变化幅度最大可相差 2 倍左右,洪水条件下较正常水文泥沙沉速大 1.1~2.0 倍。靠近湾顶水域受含沙量和盐度影响,泥沙运动最为复杂,在较高含沙和一定的盐度条件下更容易沉降淤积。本书提出的黏性细颗粒泥沙的沉速公式能够较合理地反映出河口湾水沙运动及沉速随含沙量及盐度的变化特征。

第6章 河口湾顺岸港池的淤积及沉速的影响

对于河口湾顺岸港池的淤积计算前述章节已有涉及,但对淤积机理还需要通过数值模拟进行深化。本章利用已建立的水动力泥沙模型对厦门河口湾顺岸港池的水沙运动进行分析,探讨延伸段港池淤积严重的原因。给出正常水文径流、洪水条件及台风条件下该顺岸港池的淤积分布,并分析沉速对泥沙淤积的影响。

6.1 水沙运动对厦门河口湾顺岸港池的影响

6.1.1 归槽水流对顺岸港池的影响

厦门河口湾区受地形变化、潮汐和径流、盐水入侵等多种因素影响,水流运动较为复杂。从正常水文条件下河口湾北岸的海沧港区顺岸港池水域的涨落潮流场看(图6-1、图6-2),涨潮时潮流自湾口进入湾内后,在鸡屿和海门岛分流后,北侧潮流沿海沧港区顺岸港池向西至港池末端并进而向北港口和中港口运动。落潮时水流自北、中、南三港向湾内运动。其中南港水流直接自海门南北两侧水域流向湾口;中港水流被其口门浅滩分为两部分。其中,南支水流与南港水流汇合,北支水流又分成两部分,分别沿其深槽向海沧港区航道水域运动;北港水流受中港水流阻流影响,除一部分汇入外侧落潮流外,大部分进入海沧港区港池水域(图6-1),落潮过程在海沧港区14号泊位以西水域表现出明显的水流归槽特点。对于洪水期和台风期而言,经比较发现,海沧港区顺岸港池水流归槽这一特点在洪水期间更为显著(图6-2),但在台风期并不明显(图6-3)。湾顶水域落潮的较高含沙量水体将随归槽水流进入海沧港区顺岸港池形成淤积,为泥沙淤积形成了动力输送条件。

潮流特征断面布置如图6-4所示,各断面落急流速垂向矢量如图6-5所示。

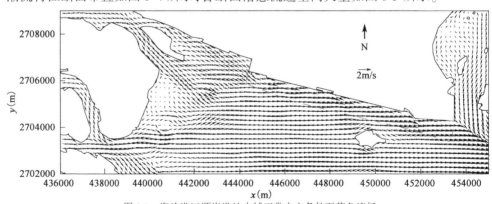

图6-1 海沧港区顺岸港池水域正常水文条件下落急流场

第6章 河口湾顺岸港池的淤积及沉速的影响

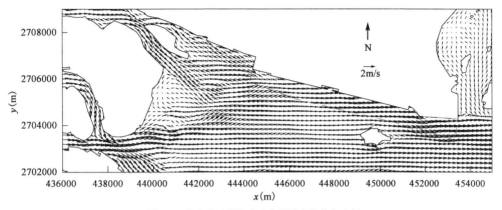

图 6-2 海沧港区顺岸港池水域洪水期落急流场

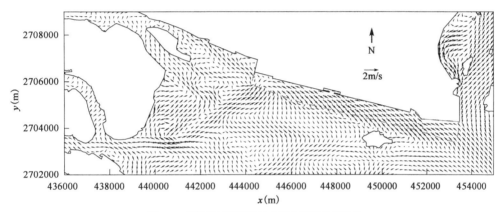

图 6-3 海沧港区顺岸港池水域台风期落急流场

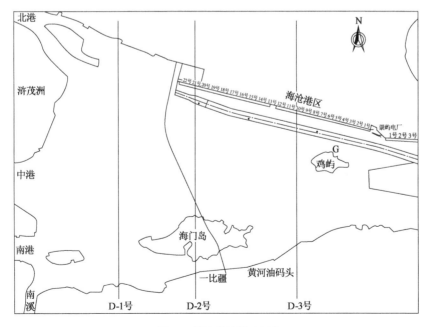

图 6-4 潮流特征断面布置

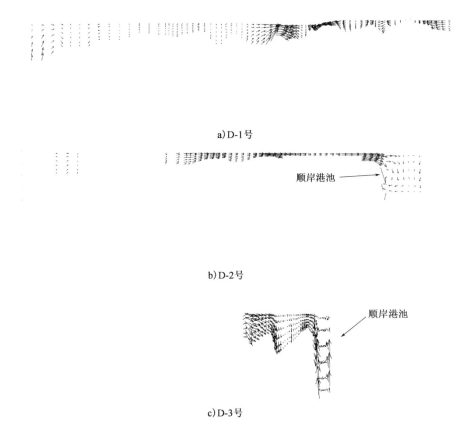

图 6-5　各断面落急流速垂向矢量（流速为各断面自南向北分量）

6.1.2　盐度分布对顺岸港池的影响

厦门河口湾存在盐淡水掺混现象，尤其在洪水期其分层效应更加明显，垂向上较大的密度梯度可产生复杂的垂向环流，这在前述已经分析。这里主要从该角度分析海沧顺岸港池内的盐度对流场的影响。图 6-6、图 6-7 分别给出了不考虑盐度和考虑盐度两种条件下的海沧港池内的落潮流场分布。由图可知，在不考虑盐度影响下，港池西端浅滩落潮流直接进入港内，受断面面积突变影响港内迅速降低，但并未见明显的环流出现。而考虑盐度影响后，港池西端浅滩落潮流直接进入港内后，在港池内形成长约 2km 的逆时针环流，随后向东逐渐平缓运动，该垂向环流存在于整个落潮过程。垂向环流的存在将在一定上加大该段港池的泥沙淤积。

为了更好地分析该垂向环流的流速变化，在港池内布置了 4 个特征点（图 6-8），图 6-9 给出了在考虑盐度及未考虑盐度情况下，各特征点落潮流沿水深在 x、y、z 方向分量的分布。图中可见，在考虑盐度情况下各点流速三维分量沿水深较没有盐度时变化更大，特别是 V_1、V_2 测点在 z 向出现逆的流速分布，即形成了垂向环流，且该环流至 V_3 测点以后则逐渐消失。

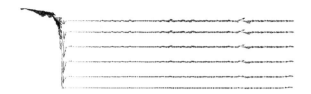

图6-6 海沧港池纵断面垂向流场及盐度场(不考虑盐度影响)

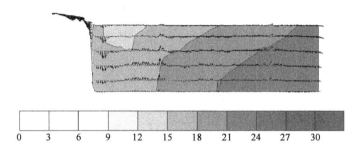

图6-7 海沧港池纵断面垂向流场及盐度场(考虑盐度影响,盐度单位‰)

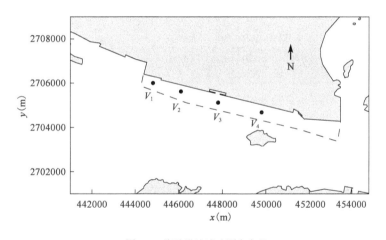

图6-8 海沧港池流速测点布置

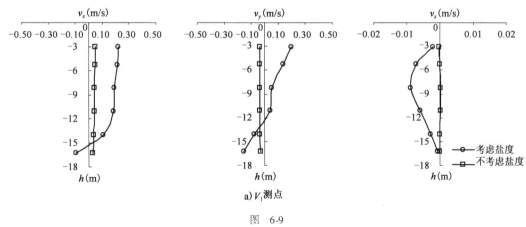

a) V_1测点

图 6-9

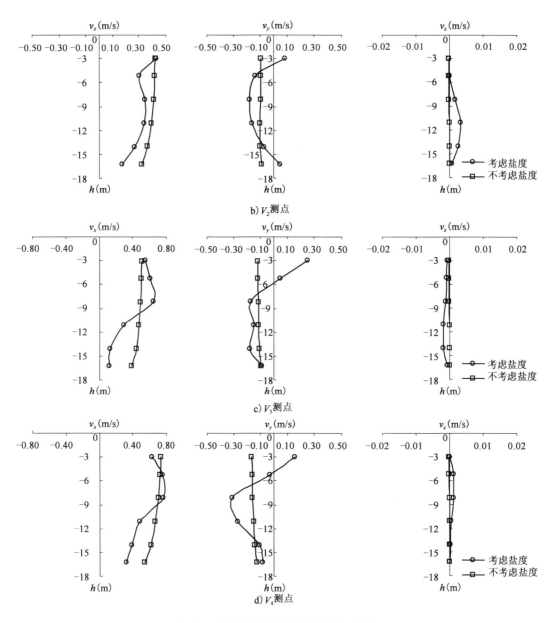

图 6-9 海沧港池内各测点流速三维分量比较

6.1.3 含沙量分布对顺岸港池的影响

由于前述章节已分析正常水文条件下的含沙量分布特点,这里主要对洪水期和台风期的含沙量分布及对顺岸港池的影响进行分析。图 6-10 给出了厦门河口湾洪水期各典型时刻的表、底层含沙量的分布,图 6-11 给出了台风期各典型时刻的表、底层含沙量的分布情况。为定量分析不同条件下的含沙量,表 6-1 给出了厦门河口湾各特征点的平均含沙量及最大含沙量,特征点位置见图 6-12。

第6章 河口湾顺岸港池的淤积及沉速的影响

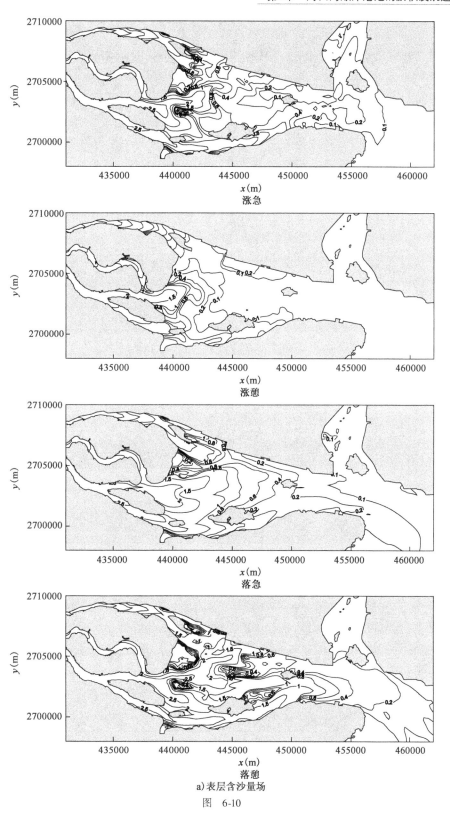

涨急

涨憩

落急

落憩

a) 表层含沙量场

图 6-10

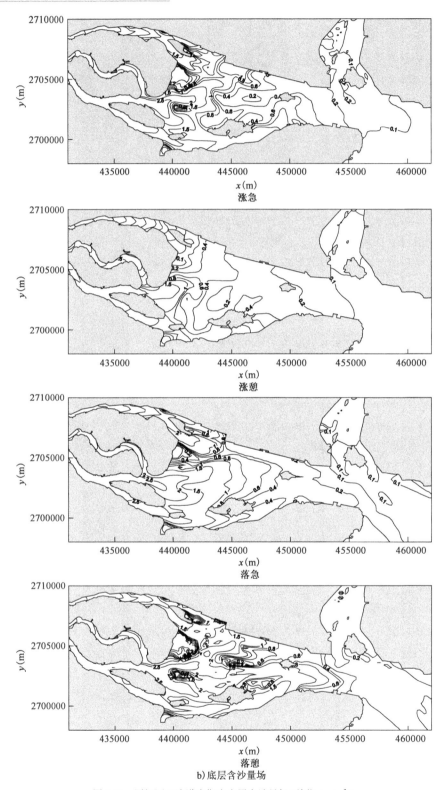

涨急

涨憩

落急

落憩

b) 底层含沙量场

图 6-10 厦门河口湾洪水期表底层含沙量场（单位：kg/m^3）

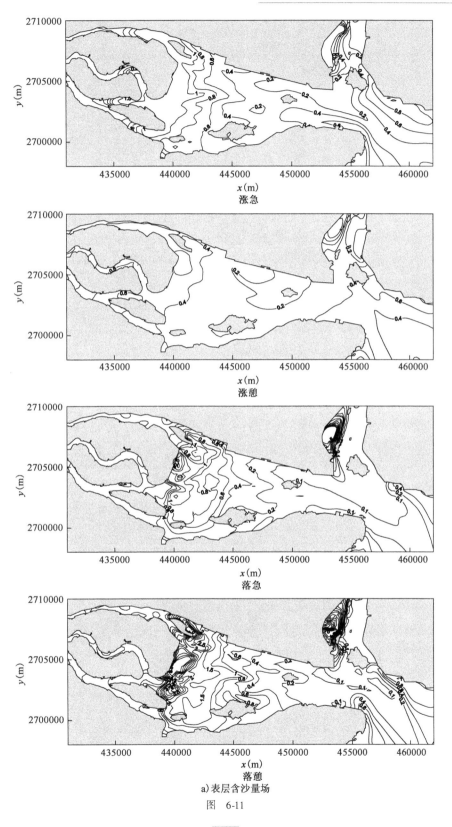

涨急

涨憩

落急

落憩
a) 表层含沙量场

图 6-11

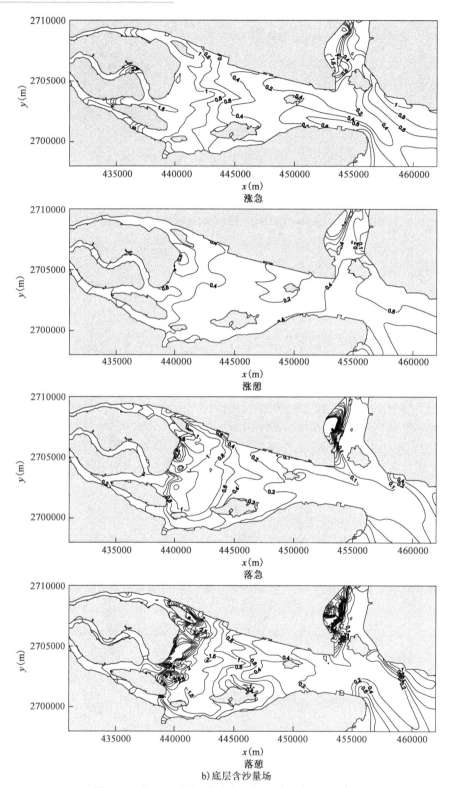

b) 底层含沙量场

图6-11 厦门河口湾台风期表底层含沙量场（单位：kg/m^3）

不同条件下各特征点平均和最大含沙量（kg/m³）　　　　　表 6-1

条件	项目	N_1	N_2	N_3	N_4	M_1	M_2	M_3	M_4	S_1	S_2	S_3	平均值
正常条件	平均值	0.19	0.24	0.12	0.08	0.25	0.23	0.16	0.11	0.29	0.22	0.14	0.19
	最大值	0.75	0.51	0.26	0.15	0.56	0.55	0.37	0.24	0.45	0.48	0.33	0.42
洪水条件	平均值	1.78	0.85	0.55	0.23	2.10	1.36	0.58	0.47	2.13	1.38	0.93	1.12
	最大值	2.55	1.67	1.08	0.50	2.62	2.34	1.34	1.24	2.73	2.34	1.76	1.83
台风条件	平均值	0.34	0.72	0.27	0.16	0.46	0.82	0.24	0.20	0.34	0.40	0.21	0.38
	最大值	1.33	1.23	0.81	0.36	1.12	1.52	0.82	0.66	1.15	1.85	0.58	1.04

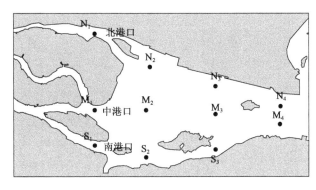

图 6-12　厦门河口湾含沙量特征点布置

由上图可知，洪水期含沙量场均较前述正常水文动力下含沙量要高，增大幅度平均 5.9 倍，其中湾顶至海门岛区域的含沙量普遍达到 1~3kg/m³，其东侧至湾口水域含沙量也在 0.2~1.0kg/m³。另外，在最大含沙量分布上与正常水文条件也有所区别，主要表现为南港口 S_1 测点的含沙量为最大为 2.73 kg/m³，中港口 M_1 测点次之为 2.62 kg/m³，北港口含沙量最小为 2.55kg/m³，表明在洪水下泄时中港和南港水道主要为输水输沙通道，且将此趋势向湾口延伸。从落潮泥沙的运动趋势看，中港高含沙水体在落潮流带动下向海沧西段港区航道运动扩散更为明显，这也将加大海沧港区西段的淤积，这种动力过程导致的淤积与正常水文径流条件是类似的。

台风期河口湾内含沙量较正常条件下增大平均约 2 倍，含沙量自湾顶约 1kg/m³ 向湾口逐渐递减至 0.2 kg/m³ 左右，结合台风期流场分析，台风期归槽水流并不明显，因此顺岸港池的淤积也相对较小。

6.2　河口湾顺岸港池淤积及沉速的影响

6.2.1　不同动力条件顺岸港池的淤积特点

采用上述经过验证的淤积模型，分别计算了海沧顺岸港池在正常水文条件、十年一遇洪水和 9914 台风条件下的淤积情况。图 6-13 给出了海沧顺岸港池的测点布置，表 6-2、图 6-14 给出了 3 种动力条件下的港池沿程淤积分布。从海沧港区航道的淤积分布看，总体具有自湾顶向湾口逐渐减小的趋势,其中最大淤强均出现在航道 8+0(14 号泊位)以西水域。以洪水淤积为例,最大年淤强可达 1.75m,而该位置至湾口航道段的淤积厚度一般在 0.1~0.8m。

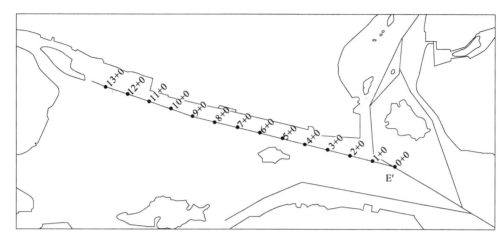

图 6-13 海沧港区航道里程示意图

河口湾海沧港区航道年淤强分布　　　　　表 6-2

航道里程	0+0(E')	1+0	2+0	3+0	4+0	5+0	6+0	7+0	8+0	9+0	10+0	最大值(m)	平均值(m)
年淤积强度(m)	0.23	0.21	0.15	0.13	0.09	0.20	0.18	0.40	0.76	1.22	1.42	1.42	0.45
洪水淤积厚度(m)	0.20	0.18	0.14	0.13	0.02	0.23	0.25	0.76	1.46	1.70	1.75	1.75	0.62
台风淤积厚度(m)	0.06	0.05	0.04	0.04	0.04	0.04	0.05	0.06	0.09	0.15	0.19	0.19	0.07

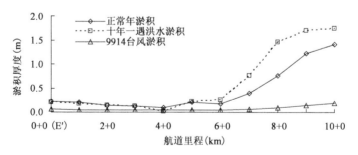

图 6-14 河口湾海沧顺岸港池不同动力条件下的沿航道里程淤积厚度分布

由海沧航道的淤积分布可知,航道 8+0(14 号泊位)以西区段淤积最大,其位置也恰好对应海门岛至湾顶水域。根据上述水动力特征、盐度特征及含沙量特征不难发现,其淤积影响因素包括:一是,湾顶区特殊的地形使落潮流具有明显的归槽效应,落潮流沿中港口门外槽沟向东北方向运动,并对北港下泄水流起到阻挡效果,使得两股水流直接进入海沧西段航道。而归槽水流在港内形成的复杂垂向环流及流速减弱加剧了泥沙的落淤。二是,湾顶区的北港口及中港口水域含沙量较高,在归槽水流作用下直接被带入航道内形成淤积。三是,港池西端水域受盐度影响,在落潮过程中形成垂向环流,使得泥沙更易淤积。

从不同条件下的淤积差异看,洪水淤积具有时间段淤积大的特点,并且在顺岸港池的西段形成较严重的淤积。这与上游泄洪输沙使湾内含沙量增大有关,中港归槽水流与北港下泄水流直接进入海沧港池西段是主要的动力因素,加之顺岸港池西段在盐度影响下内形成垂向环流更加重了该段的淤积。而台风虽然动力较强劲,但由于河口湾掩护条件相对较好,且归槽水流不强,单纯波流掀沙的作用产生的淤积小于洪水输沙的影响。

6.2.2 沉速对顺岸港池淤积的影响

为分析沉速对顺岸港池淤积的影响,在其他参数不变的情况下,利用数学模型,对考虑盐度及含沙量的沉速和未考虑二者影响的沉速对港池淤积进行计算。图 6-15 给出了两种计算方法与实测值的比较情况。

根据计算结果,利用考虑含沙量及盐度影响的沉速公式计算的顺岸港池淤积是未考虑该因素淤积的 1.1~1.4 倍,其中靠近湾顶区水域的幅度最大。图中 6-15 显示,采用考虑含沙量及盐度影响的沉速计算得到的淤积与实测淤积更为接近,表明本书建立的泥沙沉降公式能够更好地反映泥沙淤积的特点。

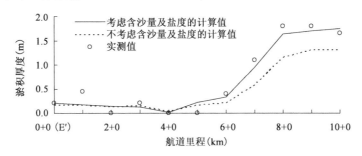

图 6-15 含沙量及盐度对淤积影响的比较

6.3 本章小结

本章利用已建立的水动力泥沙模型对厦门河口湾顺岸港池的水沙运动进行分析,探讨西段港区淤积严重的原因。给出正常水文径流、洪水条件及强台风条件下海沧顺岸港池淤积分布,并分析沉速对泥沙淤积的影响。得到以下结论:

(1)河口湾海沧顺岸港池西段淤积严重的影响因素包括:一是,湾顶区特殊的地形使落潮流具有明显的归槽效应,落潮流沿中港口门外槽沟向东北方向运动,并对北港下泄水流起到阻挡效果,使得两股水流直接进入西段港池。而归槽水流在港内形成的复杂垂向环流及流速减弱加剧了泥沙的落淤。二是,湾顶区的北港口及中港口水域含沙量较高,在归槽水流作用下直接被带入港池内形成淤积。三是,港池西端水域受盐度影响在落潮过程中形成垂向环流,使得泥沙更易淤积。

(2)从不同条件下的淤积差异看,洪水淤积具有时间段淤积大的特点,并且在顺岸港池的西段形成较严重的淤积。这与上游泄洪输沙使湾内含沙量增大有关,中港归槽水流与北港下泄水流直接进入港池西段是主要的动力因素,加之顺岸港池西段在盐度影响下内形成垂向环流更加重了该段的淤积。而台风虽然动力较强劲,但由于河口湾掩护条件相对较好,且归槽水流不强,单纯波流掀沙的作用产生的淤积小于洪水输沙的影响。

(3)采用考虑含沙量及盐度影响的沉速公式计算的顺岸港池淤积是未考虑该因素淤积的1.1~1.4倍,其中靠近河口湾湾顶区水域的幅度最大。采用考虑含沙量及盐度影响的沉速计算得到的淤积与实测淤积更为接近,表明本书建立的泥沙沉降公式能够更好地反映泥沙淤积的特点。

参 考 文 献

[1] Pritchard D W. Lectures on estuarine oceanography[M]. Kinsman B (Editor). J. Hopkins Univ., 1960, 154pp.
[2] 金长茂, 睦良仁. 试论河口湾[J]. 海洋学报, 1989, 11(3):378-384.
[3] Hansen D V, M. Rattary. New dimensions in estuary classification[J]. Limnology and Oceanography, 1966, 11.
[4] 窦国仁. 潮汐水流中的泥沙运动及冲淤计算[J]. 水利学报, 1963, (4):13-24.
[5] 韩其为, 何明民. 泥沙数学模型中冲淤计算的几个问题[J]. 水利学报, 1988, (5):45-49.
[6] Allen G P, Sa lanom J C, Bassoullet P, et al. Effects of tides on mixing and suspended sediment transport in macrotidal estuaries[J]. Sedimentary Geology, 1980, 26(1-3): 69-90.
[7] Brenon I, Le Hir P. Modelling the turbidity maximum in the Seine Estuary (France): Identification of formation processes[J]. Estuarine, Coastal and Shelf Science, 1999, 49(4): 525-544.
[8] 贺松林. 瓯江河口内外堆积带的形成分析[J]. 海洋学报, 1983, 5(5):612-623.
[9] Migniot C. Étude des propriétés physiques de différent sédiments très fins et de leur comportement sous des actions hydrodynamiques[J]. La Houille Blanche, 1968, 7: 591-619.
[10] 张兰丁. 黏性泥沙起动流速的探讨[J]. 水动力学研究与进展, 2000, 15(1): 82-88.
[11] 秦崇仁, 肖波, 高学平. 波浪水流共同作用下人工岛周围局部冲刷的研究[J]. 海洋学报, 1994, 16(3): 130-138.
[12] 周华君. 长江口最大浑浊带特性研究和三维水流泥沙数值模拟[D]. 南京:河海大学, 1992.
[13] 王崇浩, 陈建国. 三维水动力泥沙输移模型及其在珠江口的应用[J]. 中国水利水电科学研究院学报, 2006, 4(4): 246-252.
[14] 刘家驹. 连云港外航道的回淤计算及预报[J]. 水利水运科学研究, 1980, (4): 31-42.
[15] 曹祖德. 珠江口伶仃洋航道整治的研究[J]. 水道港口, 1996, (3): 1-6.
[16] 曹祖德, 侯志强, 张书庄. 复式航道的淤积计算[J]. 水运工程, 2006, (4): 54-58.
[17] 罗肇森. 波、流共同作用下的近底泥沙输移及航道骤淤预报[J]. 泥沙研究, 2004, (6):1-9.
[18] 刘家驹. 淤泥质、粉沙质及沙质海岸航道回淤统一计算方法[J]. 海洋工程, 2012, 30(1):1-7.
[19] 孙连成. 天津港工程泥沙研究及其进展[J]. 水道港口, 2006, 27(2): 341-347.
[20] 蔡爱智, 蔡月娥, 朱孝宁, 等. 福建九龙江口入海泥沙的扩散和河口湾的现代沉积[J]. 海洋地质与第四纪地质, 1991, 11(1): 57-66.
[21] 蔡锋, 黄敏芬, 苏贤泽, 等. 厦门河口湾泥沙运移特点与沉积动力机制[J]. 台湾海峡, 1999, 18(4): 418-424.
[22] 王元领, 陈坚, 曾志, 等. 厦门河口湾高浓度悬沙水体的分布与扩散特征[J]. 台湾海峡, 2005, 24(3): 383-394.
[23] 林强, 陈一梅. 厦门湾悬沙分布的多时相遥感分析[J]. 水运工程, 2008, (12):51-57.
[24] 骆智斌, 潘伟然, 张国荣, 等. 九龙江口—厦门湾三维潮流数值模拟[J]. 厦门大学学报(自然科学版), 2008, 47(6):864-868.
[25] 李立, 王寿景. 九龙江口和厦门西港的盐度低频变化特征[J]. 台湾海峡, 1993, 12(4):312-318.
[26] 温生辉, 汤军健, 黄自强, 等. 厦门港退潮锋面的动力分析[J]. 台湾海峡, 1999, 18(4):437-44.
[27] 张福星, 林建伟, 崔培, 江毓武. 九龙江河口区三维盐度数值计算及分析[J]. 台湾海峡, 2008, 27

(4):521-525.

[28] 赵洪波,杨华,左书华,等. 厦门港深水航道建设与维护关键技术研究[R]. 交通运输部天津水运工程科学研究院,2010.

[29] 李伯海. "八五"攻关珠江口伶仃洋航道整治技术之航道水力学研究:水槽试验报告[R]. 交通运输部天津水运工程科学研究所,1995.

[30] 孔俊,宋志尧,章卫胜. 挟沙能力公式系数的最佳确定[J]. 海洋工程,2005,23(1):93-96.

[31] 曹祖德,肖辉. 淤泥质海岸外航道淤积计算[J]. 水运工程,2008,(7):127-131.

[32] 赵洪波,肖辉,曹祖德. 顺岸式码头的水流特点及淤积计算[J]. 中国港湾建设,2010,(S1):24-27.

[33] Fajita T. Pressure distribution in typhoon[J]. Geophys. Mag., 1952, 23: 437-441.

[34] Myers V A. Maximum hurricane winds[J]. Bull. Amer. Metero. Sco., 1957, 38(4): 227-235.

[35] Jelesnianski C P. Anumerical calculation of storm tides induced by a tropical storm impinging on a continental shelf[J]. Monthly Weather Review, 1965, 93(16): 343-358.

[36] 王喜年,尹庆江,张保明. 中国海台风风暴潮预报模式的研究与应用[J]. 水科学进展,1991,2(1): 1-7.

[37] Miyazaki M, Ueno T, Unoki S. Theoretical investigations of typhoon surges along the Japanese coast(Ⅰ,Ⅱ). Ocean Mag, 1962, 13(2): 103-117.

[38] Ueno T. Non-Linear numerical studies on tides and surges in the central part of Seto Inland sea[J]. Oceanographical Mag., 1964, 16(1-2): 53-124.

[39] 赵鑫,黄世昌. 浙东沿海"9711"台风波浪场数值模拟研究[J]. 浙江水利科技,2006,(3):24-27.

[40] Ris R C, Holthuijsen L H, Booij N. A spectral model for waves in the near shore zone[C]// Proc. 24th Int. Conf. Coastal Eng., Kobe, Japan, 1994, 68-78.

[41] Booij N, Holthuijsen L H, Ris R C. The "SWAN" wave model for shallow water[C]// Proc. 25th Int. Conf. Coastal Engng., Orlando, USA, 1996, 668-676.

[42] Hamrick J M. A three-dimensional environmental fluid dynamics computer code: theoretical and computational aspect[R]. Special report No. 317 in Applied Marine Science and Ocean Engineering, 1992.

[43] Theoretical and computational aspects of sediment and contaminant transport in the EFDC model [Z]. Tetra Tech, Inc., 2002.

[44] Partheniades E. Erosion and deposition of cohesive soils[J]. Journal of the Hydraulics Division, ASCE, 1965, 91: 105-139.

[45] Styles R, Glenn S M. Modeling stratified wave and current bottom boundary layers on the continental shelf [J]. J. Geophysical Res., 2000, 105(24): 119-124.

[46] Ariathurai R, R B Krone. Finite element model for cohesive sediment transport[J]. J. Hyd. Div. ASCE, 1976, 102: 323-338.

[47] Hwang K N, A J Mehta. Fine sediment erodibility in Lake Okeechobee[R]. Coastal and Oceanographic Engineering Dept., University of Florida, Report UFL/COEL-89/019, Gainesville, FL,1989.

[48] Ziegler C K, B Nesbet. Fine-grained sediment transport in Pawtuxet River, Rhode Island[J]. J. Hyd. Eng., ASCE, 1994, 120: 561-576.

[49] 黄建维. 黏性泥沙在盐水中冲刷和沉降特性的试验研究[J]. 海洋工程,1989,7(1):61-70.

[50] 关许为,陈英祖,杜心慧. 长江口絮凝机理的试验[J]. 水利学报 1996,(6):70-74.

[51] 黄建维. 海岸与河口黏性泥沙运动规律的研究和应用[M]. 北京:海洋出版社,2008.

[52] 冯学英. 珠江口伶仃洋航道整治技术的研究:泥沙水力特性试验[R]. 交通运输部天津水运工程科学研究院,1995.

[53] 曹祖德. 连云港泥沙动水沉降实验研究及黏性细颗粒泥沙絮凝沉降特性的探讨[R]. 交通运输部天津水运工程科学研究院, 1981.

[54] 赵洪波, 杨华, 庞启秀, 等. 厦门港深水航道建设与维护关键技术研究[R]. 交通运输部天津水运工程科学研究院, 2009.

[55] 杨扬, 庞重光, 金鹰, 等. 长江口北槽黏性细颗粒泥沙特性的试验研究[J]. 海洋科学, 2010, 34(1): 18-24.

[56] 陈曦. 长江口细颗粒泥沙静水沉降试验研究[D]. 青岛: 中国海洋大学, 2013.

[57] 时钟, 朱文蔚, 周洪强. 长江口北槽口外细颗粒悬沙沉降速度[J]. 上海交通大学学报, 2000, 34(1): 18-23.

[58] Han N B, Lu Z Y. Settling properties of the sediments of the Changjiang Estuary in salt water[C]// Proceedings of International Symposium on Sedimentation on the Continental Shelf. Hangzhou, 1983.

[59] 吴荣荣, 李九发, 刘启贞, 等. 钱塘江河口细颗粒泥沙絮凝沉降特性研究[J]. 海洋湖沼通报, 2007, (3): 30-34.

[60] 白玉川. 河口泥沙运动力学[M]. 天津: 天津大学出版社, 2011.

[61] 彭润泽, 黄永健, 蒋如琴, 等. 长江口泥沙静水絮凝沉速试验研究[C]//水利水电科学研究院科学研究论文集, 北京: 1990, 60-73.

[62] 王龙, 李家春, 周济福. 黏性泥沙絮凝沉降的数值研究[J]. 物理学报, 2010, 59 (5):3315-3323.

[63] Serra T, Colomer J, Logan B E. Efficiency of different shear devices on flocculation[J]. Water Research, 2008, 42: 1113-1121.

[64] 张幸农. 水流紊动对泥沙絮凝的影响[J]. 水科学进展, 1996, 7(1): 54-59.

[65] Van Leussen W. Estuarine macroflocs and their role in fine grained sediment transport[D]. Amarica: Utrecht University (NL), 1994.

[66] 王璐璐. 长江口三维悬沙数值模拟研究[D]. 天津: 天津大学, 2012.

[67] 冯学英. 天津港泥沙水力特性试验[R]. 交通运输部天津水运工程科学研究院, 1990.

[68] 赵洪波, 赵群, 肖辉, 等. 浙江苍南电厂煤港航道潮流泥沙研究[R]. 交通运输部天津水运工程科学研究院, 2008.

[69] 李孟国, 郑敬云. 中国海域潮汐预报软件 Chinatide 的应用[J]. 水道港口, 2007, 28(1): 65-68.

索　引

h

河口湾　Estuary ··· 001

j

九龙江　Jiulongjiang ··· 003

n

泥沙　Suspended sediment ·· 001

s

数学模型　Numerical model ·· 005
水动力　Hydrodynamics ·· 001

y

盐度　Salinity ·· 001